■ 宁波植物丛书 ■

宁波珍稀植物

李根有 李修鹏 张芬耀 等 编著

科学出版社

北京

内 容 简 介

本书共记载了产于宁波的珍稀植物219种（含种下等级），隶属于83科176属，包括国家重点保护野生植物23种，浙江省重点保护野生植物38种，其他珍稀植物158种。书中收录了部分本次调查研究中的新发现，包括3个新种，2个新变型，18个省级以上分布新记录种，3个浙江分布新记录属和1个浙江分布新记录科。

全书分总论和各论两部分。总论内容主要为宁波珍稀植物区系的组成与特征、水平与垂直分布、濒危程度、用途与利用概况及保护现状与对策。各论部分记述了每种珍稀植物的中文名、拉丁学名、科名、形态特征、分布与生境、生物学与生态学特性、科研或经济价值、繁殖方式等，每种均附有彩色图片。

本书可供从事生物多样性保护、植物资源开发利用、林业、园林、生态、环保等工作的专业人员及植物爱好者参考。

图书在版编目（CIP）数据

宁波珍稀植物 / 李根有, 李修鹏, 张芬耀等编著. —北京：科学出版社, 2017.1
（宁波植物丛书）
ISBN 978-7-03-050297-1

Ⅰ.①宁⋯　Ⅱ.①李⋯　②李⋯　③张⋯　Ⅲ.①珍稀植物—介绍—宁波　Ⅳ.①Q948.525.53

中国版本图书馆CIP数据核字（2016）第258008号

责任编辑：张会格 / 责任校对：赵桂芬
责任印制：肖　兴 / 封面设计：北京美光设计制版有限公司

科 学 出 版 社 出版
北京东黄城根北街16号
邮政编码：100717
http://www.sciencep.com

中国科学院印刷厂　印刷
科学出版社发行　各地新华书店经销
*
2017年1月第 一 版　开本：889×1194　1/16
2017年1月第一次印刷　印张：21 3/4
字数：711 000

定价：268.00元
（如有印装质量问题，我社负责调换）

《宁波珍稀植物》编委会

作者简介

李根有
教授，硕士生导师，浙江省教学名师

　　李根有，男，1955年12月出生，浙江金华人。1982年1月毕业于浙江林学院林学专业。浙江农林大学植物资源研究所所长，中国林学会树木学分会委员，浙江省植物学会常务理事，浙江省植物分类、自然保护区、园林、花卉、湿地植被、有害植物研究、植物园建设等方面的专家。长期从事植物分类、园林花卉、野生植物资源开发利用等方面的教学和研究。先后主持或参加各类科研项目40项，发表学术论文100余篇，其中SCI收录8篇，主、参编专著或统编教材18部，获省级科技进步奖二、三等奖及优秀奖各1项，厅局级成果奖6项，主持并获省政府教学成果奖一、二等奖各1项。近年分别获浙江省高校"三育人"先进个人、校级"我心目中的好老师"、绍兴市师德楷模、校级优秀共产党员等荣誉。

李修鹏
硕士，教授级高级工程师

　　李修鹏，男，1970年7月出生，浙江宁海人。1992年7月毕业于浙江林学院森林保护专业。现任宁波市林特科技推广中心副主任；兼任浙江省林学会森林生态专业委员会常委、林业种苗花卉专业委员会和青年工作委员会委员、浙江省植物学会资源植物分会常务理事、宁波市林业园艺学会常务理事兼学术委员会召集人、宁波市林业标准化委员会委员等职。长期从事林木引种驯化、林业种苗和营林技术研究与推广工作，先后主持或主要参加完成省、市重大科技专项、重大（重点）科技攻关项目20余项；获市级以上科技成果奖励20余项次，其中，省部级科技成果奖6项次。发表学术论文40余篇，参编著作1部。先后获全国绿化奖章、浙江省农业科技成果转化推广奖、宁波市领军和拔尖人才工程第一层次培养人选、宁波市第九届青年科技奖等荣誉。

张芬耀
工程师

　　张芬耀，男，1986年12月出生，浙江苍南人。2008年毕业于浙江林学院生物技术专业，现就职于浙江省森林资源监测中心。浙江省植物学会青年工作委员会委员，浙江省生态学会、浙江省林学会、杭州市水生植物学会会员。长期从事植物分类、植物资源调查与监测工作，先后主持或主要参加完成"浙江省海岛与海岸带植物植被资源调查"、"嵊泗花鸟岛植物资源调查"、"杭州市西湖区野生植物清查"、"浙江安吉龙王山自然保护区科学考察"、"浙江省第二次全国重点保护野生植物资源调查"等植物资源调查与监测项目20余项，获全国林业优秀工程咨询成果奖一等奖1项，浙江省科技兴林奖二等奖2项。发表学术论文20余篇，其中SCI收录1篇；参编《浙江省常见树种彩色图鉴》《浙江野菜100种精选图谱》《台州乡土树种识别与应用》等著作8部。

《宁波珍稀植物》**前 言**

  宁波市地处浙江东部沿海，是河姆渡文化的发源地，对外通商历史悠久，经济发达，人口密集，生境多样，拥有山地、平原、众多的岛屿和密集的水系，十分有利于各类植物的繁衍生息。然而境内的植物资源除早期一些国外人员到此采集过植物标本外，之后很少得到植物分类学者的关注，至今未有一个全面的植物种质资源资料，这与宁波发达的经济地位极不相称。近年来，该问题得到了宁波市政府、宁波市林业局和宁波市财政局相关领导的高度重视。2012年5月，浙江农林大学教授李根有、浙江省森林资源监测中心教授级高级工程师陈征海、宁波市林特科技推广中心教授级高级工程师李修鹏等组成协作团队，承担了"宁波市植物资源调查与数据库建设"项目（项目编号：NBZFCG2012049G-D），将宁波市分成慈溪（含杭州湾新区）、余姚、镇海、江北、北仑（含大榭开发区、梅山保税港区）、鄞州（含东钱湖旅游度假区）、奉化、宁海、象山、城区（含海曙区、江东区、宁波国家高新区）10个调查区域，历时4年，投入了大量的人力、物力和财力，对宁波市全域及各调查区域的植物资源（包括野生植物、归化或入侵植物、引种栽培植物）进行了全面深入的调查研究，足迹遍及全市各地，基本查清了宁波市的植物种类，取得了丰硕的调查研究成果。本书即为项目调查研究成果之一。

  本书所收录的珍稀植物是指：① 宁波境内有自然分布的（不含引种栽培种）；② 国家重点保护野生植物（1999年国家林业局和农业部名录）；③ 浙江省重点保护野生植物（2012年浙江省人民政府颁布名录）；④ 宁波特产、主产或在浙江仅见于宁波的稀有野生植物；⑤ 浙江省内稀有的野生植物；⑥ 宁波境内稀有并以宁波为分布南缘、北缘的野生植物；⑦ 本次调查发现的部分植物新类群（新种、新变种或新变型）；⑧ 本次调查发现的部分中国、中国大陆、华东或浙江分布新记录植物（野生种）。

  本项目是结合宁波市植物普查工作进行的，调查内容包括珍稀植物的生物学特性，如花期、果期、花色、果色、高度、胸径、生长情况等；生态学特性，如海拔、坡位、坡度、坡向、土壤、水分、光照、伴生植物等；以及分布范围、稀有种的大致数量等。受限于时间和工作量等因素，本次调查未涉及各物种的具体资源储量。

  本书收录了宁波市珍稀植物219种（含种下等级），隶属于83科176属。其中新种有紫花山芹、宁波石豆兰2种；待发表新种有短梗海金子1种；待发表新变型有红果山鸡椒、红花温州长荷苣苔 2 种；中国分布新记录有圆头叶桂、日本花椒、南方紫珠 3 种；中国大陆分布新记录有琉球虎皮楠、日本厚皮香 2 种；华东分布新记录有杯盖阴石蕨、石竹、有腺泽番椒、日本苇、朝鲜韭、密花鸢尾兰 6 种；浙江分布新记录有心脏叶瓶尔小草、过山蕨、中华萍蓬草、白花水八角、三叶绞股蓝、田葱、乳白石蒜 7 种。田葱科为浙江分布新记录科；过山蕨属、水八角属、田葱属为浙江分布新记录属。

全书分总论和各论两部分。总论部分主要包括保护珍稀植物的意义、宁波市自然概况、宁波珍稀植物区系的组成与特征、宁波珍稀植物的分布、宁波珍稀植物的用途与利用概况、宁波珍稀植物濒危程度的评价、宁波珍稀植物的保护现状与对策。各论部分分别以国家重点保护野生植物、浙江省重点保护野生植物、其他珍稀植物三类进行分种论述，每种记述内容包括中文名、别名、科名、拉丁学名、形态特征、地理分布与生境、主要价值、生物学与生态学特性、繁殖方式。书后附参考文献，中文名索引与拉丁学名索引。为方便读者查阅及避免混乱，书中珍稀植物的中文名，原则上采用《浙江植物志》的叫法，别名则主要采用通用名、代表性的宁波或浙江地方名。拉丁学名主要依据《中国植物志》、*Flora of China* 等权威专著，同时参考一些最新文献进行了认真考证。

本项目的顺利完成及成果的取得，是项目组全体人员辛勤工作的结果，更与宁波市各相关职能部门和乡镇、街道、林场、风景区工作人员的大力协助密不可分，尤其是得益于宁波市林业局领导的高度重视和全力支持。本书从编写到出版，一直得到浙江省森林资源监测中心教授级高级工程师陈征海先生、杭州植物园教授级高级工程师裘宝林先生、杭州师范大学教授金孝锋先生的关注和指导，在调查工作中，还得到嵊州市食品药品监督管理局李华东先生、浙江自然博物馆研究员张方钢先生、上海辰山植物园工程师寿海洋先生的支持，承蒙杭州师范大学教授金孝锋先生在百忙之中审阅书稿，在此一并致谢。

由于编者水平有限，加上工作任务繁重、编撰时间较短，书中定有不足和谬误之处，敬请读者不吝批评指正。

编著者

2015 年 12 月

总 论

各 论

总 论

第一节　保护珍稀植物的意义

植物与人类的关系十分密切，从构成人类赖以生存的地球生物圈，到制造氧气、调节气候、涵养水土、防风固沙、维护生态平衡、消灾减难、美化环境、消除噪声，以及直接或间接地为人类提供各种各样的生活资料与工业原料（直接提供的如木材、纤维、淀粉、油脂、粮食、蔬菜、果品、芳香油、橡胶、生漆、燃料、鞣料、药物、糖类及各种营养物质等，间接提供的如石油、煤、天然气等）。人类生活中衣食住行诸方面都离不开植物，可以毫不夸张地说，植物在某种程度上决定着人类的生存与繁衍，没有植物也就没有人类今天的文明和进步。

目前全世界已知的维管束植物约有 30 万种，其中已被人类大量利用的才仅仅几千种。很多种类至今尚未被认识或我们不知其利用价值。有时一种植物利用价值的发现，竟可以起到改变人类生活、推动社会进步、拯救人类生命、促进科学发展的重要作用，如橡胶树、茶叶、咖啡、野生稻、大豆及众多的蔬菜、粮食植物等。然而人类作为植物的受益者，在充分享受着植物资源的同时，却又在有意或无意地毁灭着植物，特别是在当今世界人口剧增、科技水平空前提高、工业飞速发展的时代，人类对植物资源的利用量也以几何级的速度上升。

严重的环境污染，对森林无节制的砍伐，加上人们植物资源保护意识的淡薄，植物正面临着越来越严重的灾难。许多植物在我们还未弄清其用途甚至还未来得及认识其之前，就已被彻底地毁灭了。

据研究，目前世界上物种的消失速度是每天几个甚至几十个，并且这个速度还在不断加快，而一个物种的消失常常给另外 10 ～ 30 种生物造成生存危机。自然界的物种之间都或多或少存在着互相依存、互相制约的关系，一个环节的缺失或异常，往往会造成整个生态系统失衡甚至失控。

尽管植物是一种可再生资源，但具体到一个消失的物种时，就我们目前的科技水平，却是无法原样再造的。从另一角度看，物种的大量消失，植被的大量破坏，必然导致生态平衡的失调，造成气候恶化，自然灾害增多，进而引起农业衰退，最后直接威胁到人类的生存，这种事例在历史上已是屡见不鲜。

今天我们不给植物生存的机会，今后大自然将同样不给我们生存的机会，保护植物就是保护人类自己。这绝不是危言耸听，如果我们至今还不对此给予足够的警觉和重视，那么不久之后，大自然馈赠给人类的这份宝贵财富就会在我们手上丧失殆尽，我们的未来、我们的后代如何生存都将是一个十分严峻的问题。

植物种类繁多，对环境的适应能力差异悬殊，有的适应性强，能够正常自我繁衍，生生不息，有的会造成生态危害，甚至会影响人类的生活和健康，但也有不少种类由于人为、自身或环境的因素，难以正常繁衍或生长，现存数量越来越少，有的已濒临灭绝，这就是所谓的珍稀植物。珍稀植物通常具有重要的经济、科研、生态价值，既是国家重要的战略资源，又是科学研究的重要材料，如能在严格保护的前提下进行科学合理的开发利用，不但可以扩大种群，拯救珍稀物种，还能产生良好的经济效益。

第二节　宁波市自然概况

一、地理位置

宁波，简称"甬"，位于我国东海之滨，大陆海岸线中段，长江三角洲南翼，宁绍平原东端，地理坐标为 28°51′N～30°33′N，120°55′E～122°16′E。东与舟山群岛隔海相望，北邻钱塘江、杭州湾，西与绍兴市的嵊州、新昌、上虞三县市接壤，南濒三门湾，陆域南缘与台州的三门、天台两县相连。境内陆域东西宽 175km，南北长 192km，陆域总面积 9365km²，其中市区面积为 1033km²。

二、气候条件

宁波属北亚热带湿润季风气候区，南部具向中亚热带过渡的特征。冬季主要受西风带冷空气控制；夏季则受副热带高压、台风和西南气流影响，异常天气较多。夏冬长、春秋短，四季分明，季风交替显著，雨量充沛，温暖湿润。年均气温 16.2℃，沿海高于内陆；最冷月均温 4.2℃，最热月均温 28℃；极端最低气温 −11.1℃，极端最高气温 41.2℃。无霜期 230~240d；平原 ≥ 10℃的活动积温为 5092.4℃，山区为 4013℃。雨量分布南部多于北部，沿海向内陆递增，宁海的双峰、余姚的大岚为两个多雨中心，年降水量 1700mm 以上，最大为 1900mm。北部滨海为少雨区，年降水量不足 1000mm。降水的年际变化较大。因属台风雨主控地区，降水量在年内分配也不均衡，呈双峰型，第一雨期为 3~7 月的春雨连梅雨，其中 3~5 月春雨量占年总雨量的 26.54%，6~7 月梅雨量占 24.52%；第二雨期为 8~9 月的台风雨，多狂风暴雨，占 24.54%。年均降水日数 159d。年均蒸发量 1300~1500mm。相对湿度 81%。年日照时数 1927.8h，太阳辐射总量 109.5kcal/(cm²·a)。沿海石浦风速最大，年均 5.6m/s，极大值为 52.3m/s。宁波属于台风次重影响区，年均 1.8 次，影响期 5~11 月，其中 8~9 月为集中影响期。其他灾害性天气还有高温和干旱、春秋季低温、连绵阴雨和冰雹等。

宁波由于所处纬度常受冷暖气团交汇影响，加之倚山靠海，特定的地理位置和自然环境使各地天气多变，差异明显，灾害性天气相对频繁，但同时形成了多样的小气候类型，为各种植物生长繁衍和植被分布提供了优越的自然基础。

三、岛屿港湾

宁波三面环海，拥有漫长的海岸线，港湾曲折，岛屿星罗棋布。全市海域总面积为 9758km²，岸线总长为 1562km，其中大陆岸线为 788km，岛屿岸线为 774km，占全省海岸线的 1/3。全市共有大小岛屿 531 个，面积 524.07km²。其中 10km² 以上的岛屿有大榭、梅山、檀头山、高塘、南田岛 5 个，最大的为象山县南田岛，达 90km²；象山县有岛礁 326 个，为境内岛礁分布最多的县。另外，境内还拥有两湾一港，即三门湾、杭州湾和象山港。漫长的海岸线及众多的岛屿为各种滨海植物和植被提供了良好的分布与生长条件。

四、淡水资源

境内水网密布，主要河流有余姚江、奉化江、甬江。余姚江发源于余姚市大岚镇，奉化江发源于奉化市溪口镇，余姚江、奉化江在市区"三江口"汇合成甬江，流向东北经镇海招宝山入海。整个甬江流域因雨量充沛，水资源十分丰富。宁波市共有水库 407 座，其中库容 1 亿 m³ 以上大型水库 6 座，为奉化亭下水库、横山水库，鄞州皎口水库、周公宅水库，余姚四明湖，宁海白溪水库；库容 1000 万 ~1 亿 m³ 中型水库 24 座。市域还有部分湖泊，其中东钱湖是浙江省最大的近海淡水湖，面积约 20km²，正常蓄水量 3390 万 m³。稠密的水网和丰富的水环境为众多的水、湿生植物提供了良好的栖息环境。

五、地形地貌

宁波市主要地貌可分为低山、丘陵、台地、谷（盆）地和平原。海拔 500m 以上山地，主要分布在西南部的宁海、奉化、鄞州西部和余姚南部，面积 2179km²，占陆域的 23.3%；海拔低于 500m 的丘陵，主要分布在南部的宁海、象山，东部的象山港沿岸及北部的姚江两岸，面积 2192km²，占陆域的 23.4%；境内平原主要有宁波平原、三北平原、余姚平原、港湾小平原等，面积 4383km²，占陆域的 46.8%。

境内地势由西南向东北缓慢倾斜。西部有仙霞岭山脉的支脉天台山和四明山。四明山自西北向入境，蜿蜒于余姚市、奉化市、慈溪市南部、鄞州区西部和江北区、镇海区北部，宁波最高峰为余姚市与嵊州交界的青虎湾岗，海拔 979m（四明山主峰海拔 1012m，位于嵊州市境内）；天台山由西南向入境，逶迤于宁海县、象山县、鄞州区东部和北仑区，潜入海中，出为沿海诸岛和舟山群岛，天台山脉在宁波境内最高峰为宁海与天台、新昌的界山蟹背尖，海拔 956.5m。东北部和中部为宁绍冲积平原，低山丘陵间有小块河谷平原；东北部有穿山半岛，东南端有象山半岛。

境内主要山峰除前述的青虎湾岗和蟹背尖外，还有奉化黄泥浆岗，海拔 976m，为宁波第二高峰；余姚秀尖山，又称小青山，海拔 975m；宁海"浙东第一尖"，古称镇亭山，海拔 943.2m；宁海望海尖，海拔 897m；宁海茶山，古称盖苍山，海拔 872.6m；宁海梁皇山，海拔 768m；象山东搬山，海拔 810.8m；象山大雷山，海拔 590m；象山珠山，又名珠岩山，海拔 541.5m；鄞州金峨山，海拔 633m；鄞州与北仑的界山太白山，海拔 656.9m，为宁波东部最高峰；鄞州福泉山望海峰，海拔 556m，为东钱湖流域最高峰；北仑九峰山，海拔 498m。上述山体分布着较为丰富的植物种类，也是本次调查的主要区域。

一方面，宁波优越的气候条件、复杂的生境，孕育了丰富的植物种类和一些特有种类；另一方面，悠久的历史，密集的人口，广泛的生产活动，造成了生境的严重片断化，使得诸多乡土植物的栖息地支离破碎，一些适应性较差的植物在宁波处于濒危状态而成为稀有植物。

六、土壤分布

宁波市土地资源利用充分。境内土壤在中国土壤地理分区上属江南红壤土、黄壤土、水稻土大区，处于红壤地带北缘，依地貌形态分为 4 个区域。

滨海平原区：土壤类型有滨海盐土、潮土、新积土和水稻土，面积 22.93 万 hm²，主要分布于北部的杭州湾南岸，东南部的象山港两侧和三门湾北岸。

水网平原区：以水稻土为主，兼有少量潮土，面积 12.41 万 hm²，分布于余姚市、鄞州区、奉化市等地。

河谷区：有新积土、潮土和水稻土，面积 1.58 万 hm²，分布于姚江上游梁弄、奉化江上游樟溪、剡江、县江和象山港、三门湾、白溪及宁海县城北部盆地。

丘陵山地区：有红壤土、黄壤土、粗骨土、紫色土和水稻土，面积 51.60 万 hm²，主要分布于东部、西南部丘陵山区，山谷多为壤土，东部海拔 550m 以上，西南部海拔 650m 以上的低山缓坡和台地多为黄壤土，陡坡地段多为粗骨土。

此外，潮间带涂地土壤有滨海盐土、风砂土、潮土等土类。滨海盐土分布于海岸线的内、外两侧，是滨海区域的主要土壤类型；风砂土仅见于象山县县城、松兰山、大文沙、白沙、东旦、长沙等沙滩内侧的迎风山坳或山坡丘前；潮土分布于滨海平原。

由于水土冲刷等，宁波境内裸岩较多，尤其是海岛与海岸线，同时，宁波境内的鄞州、奉化、余姚一带还分布有少量的丹霞地貌，又为岩生、耐旱植物的生长提供了宜居生境。

七、森林植被

宁波市森林植被在《中国植被》区划中属于亚热带常绿阔叶林区域—东部（湿润）常绿阔叶林亚区域—中亚热带常绿阔叶林地带北部亚地带浙闽山丘甜槠——木荷林区。地带性植被为常绿阔叶林，建群种为壳斗科、樟科、山茶科、冬青科、山矾科、豆科、蔷薇科中的一些种类。由于开发历史悠久、人类活动频繁，目前除交通不便的山区，如宁海双峰的五山林场柏油塘林区、宁波市林场仰天湖林区的黑龙潭及天童寺、瑞岩寺等名胜古刹附近尚残留有小面积的天然常绿阔叶林外，绝大部分原生森林植被已被次生植被和人工植被所取代，其中针叶林是森林中面积最大、分布最广的植被类型，常见有马尾松林、杉木林、黄山松林、柳杉林和人工黑松林等，多为层次单一的常绿针叶纯林，但由于遭受松材线虫病的持续危害，马尾松林、黑松林等已逐渐演替为松阔混交林甚至次生阔叶林。毛竹林在境内占据的面积较大。

八、植物种类

宁波境内蕴藏着丰富的植物种质资源。据编著者团队历经 4 年的实地调查结果，全市有野生、常见栽培及归化维管束植物 215 科 1168 属 3275 种（含种下等级：258 变种、40 亚种、44 变型、190 品种），其中蕨类植物 39 科 78 属 206 种，裸子植物 9 科 32 属 90 种，被子植物 167 科 1058 属 2979 种。常见栽培及归化植物有 25 科 322 属 1063 种（含种下等级）。科、属、种数分别约占全省的 92%、80% 和 66%。由此可见，宁波植物在浙江省植物区系中占有相当高的地位。

野生植物共有 190 科 846 属 2212 种（含种下等级：193 变种、30 亚种、36 变型）；其中蕨类植物 39 科 76 属 204 种，裸子植物 5 科 9 属 11 种，被子植物 146 科 761 属 1997 种（包括双子叶植物 123 科 579 属 1528 种；单子叶植物 23 科 182 属 469 种）。

第三节　宁波珍稀植物区系的组成与特征

一、区系组成

经调查筛选，本书共收录宁波市境内野生珍稀植物 219 种（含 15 个变种、3 个亚种和 2 个变型），隶属于 83 科 176 属（约占宁波野生植物科的 44%、属的 21%、种的 10%），其中包括国家重点保护野生植物 23 种（一级重点保护植物有 3 种，二级重点保护植物有 20 种），浙江省重点保护野生植物 38 种，其他珍稀植物 158 种。

上述植物中，包括蕨类植物 13 种，裸子植物 4 种，被子植物 202 种（双子叶植物 147 种，单子叶植物 55 种），见表 1。

表 1　宁波珍稀植物区系的组成

分类群			科数	比例/%	属数	比例/%	种数	比例/%
总计			83	100.00	176	100.00	219	100.00
蕨类植物			12	14.46	13	7.39	13	5.94
种子植物	合计		71	85.54	163	92.61	206	94.06
	裸子植物		3	3.61	3	1.70	4	1.83
	被子植物	小计	68	81.93	160	90.91	202	92.23
		双子叶植物	56	67.47	121	68.75	147	67.12
		单子叶植物	12	14.46	39	22.16	55	25.11

二、区系特征

(一)生活型以多年生草本居优势

根据生活型的统计结果,宁波的珍稀植物以草本为主,约占 63%,木本约占 37%。138 种草本植物中,又以多年生草本占据绝对优势,占了全部草本植物的 77%。81 种木本植物中,以乔木种类居多,约占全部木本植物的 59%,灌木种类次之,占 35%。木本植物以常绿种类稍占优势,为 59%。见表 2。

表 2　宁波珍稀植物生活型的组成

生活型		种数	比例/%
合计		219	100.00
木本植物	小计	81	36.99
	常绿乔木	28	12.78
	落叶乔木	20	9.13
	常绿灌木	15	6.85
	落叶灌木	13	5.94
	常绿藤本	4	1.83
	落叶藤本	1	0.46
草本植物	小计	138	63.01
	一年生	20	9.13
	二年生	1	0.46
	多年生	107	48.86
	草质藤本	10	4.56

（二）区系起源古老，子遗植物较多

宁波的珍稀植物中，有许多为起源古老的种类，如蕨类植物中起源于古生代的蛇足石杉 *Huperzia serrata*、中华水韭 *Isoëtes sinensis*、松叶蕨 *Psilotum nudum*、阴地蕨 *Botrychium ternatum*、心脏叶瓶尔小草 *Ophioglossum reticulatum*、水蕨 *Ceratopteris thalictroides* 等；裸子植物中起源于晚石炭纪的金钱松 *Pseudolarix amabilis*、圆柏 *Sabina chinensis*、南方红豆杉 *Taxus wallichiana* var. *mairei*、榧树 *Torreya grandis* 等；被子植物中起源于第三纪、被公认是现存被子植物中最古老的类群有木兰科的天目木兰 *Magnolia amoena*、凹叶厚朴 *Magnolia officinalis* ssp. *biloba*、乳源木莲 *Manglietia yuyuanensis*，樟科的香樟 *Cinnamomum camphora*、浙江樟 *C. chekiangense*、普陀樟 *C. japonicum* var. *chenii*、圆头叶桂 *C. daphnoides*、浙江楠 *Phoebe chekiangensis*、舟山新木姜子 *Neolitsea sericea* 等，其他相近类群还有睡莲科的莲 *Nelumbo nucifera*、萍蓬草 *Nuphar pumila*、芡实 *Euryale ferox*，毛茛科的毛叶铁线莲 *Clematis lanuginosa*、獐耳细辛 *Hepatica nobilis* var. *asiatica*，小檗科的拟蠔猪刺 *Berberis soulieana* 等。另外，被假花学说认为最原始的类群在宁波的珍稀植物中也有不少代表种，如胡桃科的青钱柳 *Cyclocarya paliurus*，桦木科的华千金榆 *Carpinus cordata* var. *chinensis*，壳斗科的赤皮青冈 *Cyclobalanopsis gilva*、大叶青冈 *C. jenseniana*、枹栎 *Quercus serrata*、水青冈 *Fagus longipetiolata*，榆科的长序榆 *Ulmus elongata*、榉树 *Zelkova schneideriana*，桑科的台湾榕 *Ficus formosana*、爱玉子 *F. pumila* var. *awkeotsang*，金缕梅科的台湾蚊母树 *Distylium gracile* 和银缕梅 *Parrotia subaequalis* 等。

（三）区系类型多样，地理成分来源复杂

根据吴征镒先生《中国种子植物属的分布区类型》一文的划分方法，在 15 个属级分布区类型中，宁波珍稀植物占了除中亚分布型外的 14 个，说明宁波珍稀植物区系组成的地理成分具有多样性和复杂性。经对除世界分布型外的 14 种分布区类型的分析表明：热带性质的属（2~7）有 73 属，占 46.79%，温带性质的属（8~14）有 75 属，占 48.08%，表明宁波的珍稀植物区系表现为热带与温带性质大体相当（表 3）。

1. 热带成分分析

在各类热带分布类型中，以泛热带分布型占绝对优势，总计 31 属，约占热带成分的 42%，代表属有松叶蕨属 *Psilotum*、榕属 *Ficus*、小石积属 *Osteomeles*、羊蹄甲属 *Bauhinia*、红豆树属 *Ormosia*、蒺藜属 *Tribulus*、花椒属 *Zanthoxylum*、冬青属 *Ilex*、卫矛属 *Euonymus*、厚皮香属 *Ternstroemia*、沟繁缕属 *Elatine*、紫金牛属 *Ardisia*、紫珠属 *Callicarpa*、耳草属 *Hedyotis*、蟛蜞菊属 *Sphagneticola*、水车前属 *Ottelia*、克拉莎属 *Cladium*、飘拂草属 *Fimbristylis* 和石豆兰属 *Bulbophyllum* 等。

第二是热带亚洲分布型，计 15 属，约占热带成分的 20%，代表属有青冈属 *Cyclobalanopsis*、木莲属 *Manglietia*、新木姜子属 *Neolitsea*、蚊母树属 *Distylium*、金橘属 *Fortunella*、虎皮楠属 *Daphniphyllum*、山茶属 *Camellia*、石斛属 *Dendrobium*、斑叶兰属 *Goodyera*

表3　宁波珍稀植物属的分布区类型

序号	分布区类型	属数	比例%
1	世界分布	20	/
2	泛热带分布	31	19.87
3	热带亚洲和热带美洲间断分布	4	2.56
4	旧世界热带分布	8	5.13
5	热带亚洲至热带大洋洲分布	11	7.05
6	热带亚洲至热带非洲分布	4	2.56
7	热带亚洲分布	15	9.62
	热带成分（2~7）小计	73	46.79
8	北温带分布	32	20.51
9	东亚和北美洲间断分布	9	5.78
10	旧世界温带分布	14	8.97
11	温带亚洲分布	1	0.64
12	中亚分布	0	0
13	地中海、西亚至中亚分布	2	1.28
14	东亚分布	17	10.90
	温带成分（8~14）小计	75	48.08
15	中国特有分布	8	5.13
	合计	176	100

注：第2~15项的百分比以扣除世界分布属后的总数计算。

和钗子股属 *Luisia* 等。

第三为热带亚洲至热带大洋洲分布型，计11属，约占热带成分的15%，有樟属 *Cinnamomum*、香椿属 *Toona*、田葱属 *Philydrum*、开唇兰属 *Anoectochilus*、兰属 *Cymbidium*、阔蕊兰属 *Peristylus* 等。

其他热带分布型：旧世界热带分布型8属，占热带分布型总属数的11%，有阴石蕨属 *Humata*、海桐花属 *Pittosporum*、香茶菜属 *Isodon*、虻眼属 *Dopatrium*、长蒴苣苔属 *Didymocarpus*、苦瓜属 *Momordica*、水筛属 *Blyxa* 及鸢尾兰属 *Oberonia*；热带亚洲至热带非洲分布型4属，占热带分布型总属数的5.5%，有肿足蕨属 *Hypodematium*、大豆属 *Glycine*、常春藤属 *Hedera*、蓝耳草属 *Cyanotis*；热带亚洲和热带美洲间断分布型4属，占热带分布型总属数的5.5%，有木姜子属 *Litsea*、楠木属 *Phoebe*、猴欢喜属 *Sloanea*、柃木属 *Eurya*。

在这些热带成分中，青冈属、樟属、楠木属、木莲属、冬青属、山茶属、柃木属等树种是构成宁波地带性植被——常绿阔叶林的主要成员。

2. 温带成分分析

在温带分布类型中，以北温带分布型、东亚分布型和旧世界温带分布型占主导地位，三者共63属，占温带分布型总属数的84.00%；东亚和北美洲间断分布型也占有较高比例，共9属，约占温带分布型总属数的12.00%；其余2种类型仅3属，占4.00%；独缺中亚分布型。

北温带分布型32属，占温带成分的42.67%，代表属有圆柏属 *Sabina*、红豆杉属 *Taxus*、鹅耳枥属 *Carpinus*、水青冈属 *Fagus*、栎属 *Quercus*、榆属 *Ulmus*、盐角草属 *Salicornia*、萍蓬草属 *Nuphar*、小檗属 *Berberis*、紫堇属 *Corydalis*、山萮菜属 *Eutrema*、紫荆属 *Cercis*、槭属 *Acer*、杜鹃花属 *Rhododendron*、越橘属 *Vaccinium*、荚蒾属 *Viburnum*、天南星属 *Arisaema* 等，均为典型的北温带区系成分。

东亚分布型17属，占温带成分的22.67%，代表属有鳞果星蕨属 *Lepidomicrosorium*、芡实属 *Euryale*、八角莲属 *Dysosma*、溲疏属 *Deutzia*、鸡麻属 *Rhodotypos*、茵芋属 *Skimmia*、小勾儿茶属 *Berchemiella*、地黄属 *Rehmannia*、刚竹属 *Phyllostachys*、寒竹属 *Chimonobambusa*、沿阶草属 *Ophiopogon*、石蒜属 *Lycoris*、无柱兰属 *Amitostigma*、风兰属 *Neofinetia* 等。

旧世界温带分布型14属，占温带成分的18.67%，有榉属 *Zelkova*、荞麦属 *Fagopyrum*、石竹属 *Dianthus*、獐耳细辛属 *Hepatica*、淫羊藿属 *Epimedium*、银缕梅属 *Parrotia*、马甲子属 *Paliurus*、女贞属 *Ligustrum*、重楼属 *Paris*、水仙属 *Narcissus* 等。

东亚和北美洲间断分布型9属，占温带成分的12.00%，有过山蕨属 *Camptosorus*、榧属 *Torreya*、木兰属 *Magnolia*、紫茎属 *Stewartia*、珊瑚菜属 *Glehnia*、龙头草属 *Meehania*、芙蓉菊属 *Crossostephium* 和金刚大属 *Croomia*。

其他温带分布型：温带亚洲分布型仅孩儿参属 *Pseudostellaria* 1属，占温带成分的1.33%；地中海、西亚至中亚分布型也仅诸葛菜属 *Orychophragmus* 和沙苦荬属 *Chorisis* 2属，占温带成分的2.67%。

在温带性质的属中，榧属、鹅耳枥属、榆属、榉属、栎属、木兰属、槭属、紫茎属、杜鹃花属、越橘属、女贞属、荚蒾属和刚竹属等是宁波市常绿、落叶阔叶混交林和落叶阔叶林的建群种，是森林下木或次生林的重要组成成分。

3. 中国特有成分分析

在宁波的珍稀植物中，中国特有分布型共8属，约占全部属数的4.55%，有金钱松属 *Pseudolarix*、青钱柳属 *Cyclocarya*、明党参属 *Changium*、毛药花属 *Bostrychanthera*、香果树属 *Emmenopterys*、七子花属 *Heptacodium*、独花兰属 *Changnienia* 和象鼻兰属 *Nothodoritis*。其中，金钱松属、七子花属是组成宁波山地森林的主要类群。

4. 世界分布成分分析

世界分布型共有20属，约占全部属数的11.36%。本类型以草本属居多数，木本属仅有铁线莲属 *Clematis*、槐属 *Sophora*、鼠李属 *Rhamnus* 3属；草本属有石杉属 *Huperzia*、瓶尔小草属 *Ophioglossum*、骨碎补属 *Davallia*、蓼属 *Polygonum*、藜属 *Chenopodium*、银莲花属 *Anemone*、碎米荠属 *Cardamine*、茴芹属 *Pimpinella*、过路黄属 *Lysimachia*、鼠尾草属 *Salvia*、黄芩属 *Scutellaria*、苔草属 *Carex* 等。在这一分布型中，有些属产于盐化的

滨海生境中，如藜科的猪毛菜属 *Salsola* 和蓝雪科的补血草属 *Limonium* 等；另外，水生和沼生的属也较丰富，如水韭属 *Isoëtes*、荇菜属 *Nymphoides*、芦苇属 *Phragmites* 等。

（四）特有现象明显，保护植物较多

1. 特有植物

在宁波产的 219 种珍稀植物中，属于中国特有的有 93 种，约占全部种类的 42%，可见其特有比例之高。代表植物有中华水韭、金钱松、榧树、青钱柳、榉树、石竹 *Dianthus chinensis*、华南樟 *Cinnamomum austro-sinense*、台湾蚊母树、银缕梅、黄山紫荆 *Cercis chingii*、花榈木 *Ormosia henryi*、毛红椿 *Toona ciliata* var. *pubescens*、小勾儿茶 *Berchemiella wilsonii*、明党参 *Changium smyrnioides*、堇叶紫金牛 *Ardisia violacea*、毛药花 *Bostrychanthera deflexa*、大花旋蒴苣苔 *Boea clarkeana*、香果树 *Emmenopterys henryi*、七子花 *Heptacodium miconioides*、换锦花 *Lycoris sprengeri*、浙江金线兰 *Anoectochilus zhejiangensis*、纤叶钗子股 *Luisia hancockii* 等。主要包含以下几种类型。

1）华东特有种：有长序榆、肾叶细辛 *Asarum renicordatum*、天目木兰、普陀樟、浙江楠、铺散诸葛菜 *Orychophragmus diffusus*、银缕梅、淡红乌饭树 *Vaccinium bracteatum* var. *rubellum*、浙江铃子香 *Chelonopsis chekiangensis*、安徽黄芩 *Scutellaria anhweiensis*、天目地黄 *Rehmannia chingii*、喙果绞股蓝 *Gynostemma yixingense*、天目山蟹甲草 *Parasenecio matsudae*、短蕊石蒜 *Lycoris caldwellii*、江苏石蒜 *L. houdyshelii*、玫瑰石蒜 *L. rosea* 共 16 种，约占中国特有种总数的 17%。

2）浙江特有种：有毛叶铁线莲、沼生矮樱 *Cerasus jingningensis*、尖萼紫茎 *Stewartia acutisepala*、紫花山芹 *Ostericum atropurpureum*、华顶杜鹃 *Rhododendron huadingense*、大花腋花黄芩 *Scutellaria axilliflora* var. *medullifera*、红花温州长蒴苣苔 *Didymocarpus cortusifolius* f. *rubra*、黄花百合 *Lilium brownii* var. *giganteum*、大花无柱兰 *Amitostigma pinguicula* 共 9 种，约占中国特有种总数的 10%。其中，毛叶铁线莲、紫花山芹主产宁波。

3）宁波特有种：有红果山鸡椒 *Litsea cubeba* f. *rubra*、短梗海金子 *Pittosporum brachypodum*、宁波石豆兰 *Bulbophyllum ningboense* 3 种，均为本次调查发现的新类群，约占中国特有种总数的 3%。

在本次调查中发现了较多的中国、中国大陆、华东或浙江新记录种，其中珍稀植物中的中国新记录种就有圆头叶桂、日本花椒 *Zanthoxylum piperitum*、南方紫珠 *Callicarpa australis* 3 种；中国大陆新记录种有琉球虎皮楠 *Daphniphyllum luzonense*、日本厚皮香 *Ternstroemia japonica* 2 种；华东新记录种有杯盖阴石蕨 *Humata griffithiana*、石竹、有腺泽番椒 *Deinostema adenocaula*、日本苇 *Phragmites japonicus*、朝鲜韭 *Allium sacculiferum*、密花鸢尾兰 *Oberonia seidenfadenii* 6 种；浙江新记录种有心脏叶瓶尔小草、过山蕨 *Camptosorus sibiricus*、中华萍蓬草 *Nuphar pumila* ssp. *sinensis*、白花水八角 *Gratiola japonica*、三叶绞股蓝 *Gynostemma laxum*、田葱 *Philydrum lanuginosum*、乳白石蒜 *Lycoris albiflora* 7 种。其中，田葱科 Philydraceae 为浙江新记录科。

219 种珍稀植物中，除浙江及宁波特产种外，在浙江境内目前仅见于宁波的种类也较丰富，有心脏叶瓶尔小草、过山蕨、杯盖阴石蕨、尖头叶藜 *Chenopodium acuminatum*、中华萍蓬草、圆头叶桂、皱柄冬青 *Ilex kengii*、水虎尾 *Dysophylla stellata*、白花水八角、木鳖子 *Momordica cochinchinensis*、日本苇、田葱、朝鲜韭、乳白石蒜、短蕊石蒜、江苏石蒜、玫瑰石蒜、稻草石蒜 *Lycoris straminea* 共 18 种，约占全部种数的 8%。

2. 保护植物

（1）国家重点保护野生植物

依据国家林业局和农业部 1999 年颁布的《国家重点保护野生植物名录（第一批）》，经调查确认，宁波境内共有国家重点保护野生植物 23 种，其中一级重点保护的有南方红豆杉、银缕梅和中华水韭 3 种，二级重点保护的有水蕨、金钱松、榧树、金荞麦 *Fagopyrum dibotrys*、普陀樟、舟山新木姜子、浙江楠、榉树、莲、花榈木、毛红椿、珊瑚菜 *Glehnia littoralis*、香果树、七子花等 20 种。

（2）省级重点保护野生植物

依据浙江省人民政府 2012 年颁布的《浙江省重点保护野生植物名录（第一批）》，经调查发现，宁波市境内共有浙江省重点保护野生植物 38 种，如蛇足石杉、松叶蕨、圆柏、毛叶铁线莲、天目木兰、延胡索 *Corydalis yanhusuo*、圆叶小石积 *Osteomeles subrotunda*、鸡麻 *Rhodotypos scandens*、龙须藤 *Bauhinia championii*、海滨香豌豆 *Lathyrus japonicus*、全缘冬青 *Ilex integra*、天目槭 *Acer sinopurpurascens*、小勾儿茶、海滨木槿 *Hibiscus hamabo*、红山茶 *Camellia japonica*、华顶杜鹃、堇叶紫金牛、日本女贞 *Ligustrum japonicum*、水车前 *Ottelia alismoides*、金刚大 *Croomia japonica*、阔叶沿阶草 *Ophiopogon jaburan*、华重楼 *Paris polyphylla* var. *chinensis* 等。

（五）滨海植物众多

由于宁波濒临东海，不仅大陆海岸线漫长，而且岛屿众多，因此分布有丰富的滨海植物，包括了较多的盐生或沙生植物。其中珍稀种类就有无翅猪毛菜 *Salsola komarovii*、刺沙蓬 *S. tragus*、尖头叶藜、盐角草 *Salicornia europaea*、普陀樟、圆头叶桂、舟山新木姜子、滨海黄堇 *Corydalis heterocarpa* var. *japonica*、海滨山黧豆、海刀豆 *Canavalia lineata*、日本花椒、琉球虎皮楠、全缘冬青、海岸卫矛 *Euonymus tanakae*、海滨木槿、马甲子 *Paliurus ramosissimus*、红山茶、柃木 *Eurya japonica*、日本厚皮香、珊瑚菜、短毛独活 *Heracleum moellendorffii*、多枝紫金牛 *Ardisia sieboldii*、日本女贞、中华补血草 *Limonium sinense*、南方紫珠、厚叶双花耳草 *Hedyotis strigulosa*、沙苦荬 *Chorisis repens*、芙蓉菊 *Crossostephium chinense*、卤地菊 *Melanthera prostrata*、蟛蜞菊 *Sphagneticola calendulacea*、龙爪茅 *Dactyloctenium aegyptium*、华克拉莎 *Cladium jamaicence* ssp. *chinense*、砂钻苔草 *Carex kobomugi*、绢毛飘拂草 *Fimbristylis sericea*、普陀南星 *Arisaema ringens*、朝鲜韭、阔叶沿阶草、换锦花、水仙 *Narcissus tazetta* var. *chinensis* 等。

（六）岩生植物发达

宁波境内岩山较多，尤其是海岸和岛屿地带，并有少量的丹霞地貌发育，为岩生植物的分布与生长创造了良好的条件，这类植物在宁波相当丰富。其中珍稀种类就有松叶蕨、腺毛肿足蕨 *Hypodematium glanduloso-pilosum*、过山蕨、肾蕨 *Nephrolepis auriculata*、骨碎补 *Davallia trichomanoides*、杯盖阴石蕨、圆柏、圆叶小石积、黄山紫荆、秋海棠 *Begonia grandis*、大花旋蒴苣苔、红花温州长蒴苣苔、厚叶双花耳草、芙蓉菊、换锦花、大花无柱兰、密花鸢尾兰、宁波石豆兰、毛药卷瓣兰 *Bulbophyllum omerandrum*、多花兰 *Cymbidium floribundum*、铁皮石斛 *Dendrobium officinale*、细茎石斛 *D. moniliforme*、浙江金线兰、纤叶钗子股、风兰 *Neofinetia falcata* 等。

（七）水生植物丰富

宁波地处宁绍平原，水网密布，加上山区溪流众多，水资源异常丰富，故分布着极多的水生或湿生植物，其中不乏珍稀种类，如中华水韭、水蕨、莲、芡实、萍蓬草、中华萍蓬草、野菱 *Trapa incisa*、三蕊沟繁缕 *Elatine triandra*、小荇菜 *Nymphoides coreana*、金银莲花 *N. indica*、水虎尾、水蜡烛 *Dysophylla yatabeana*、虻眼 *Dopatrium junceum*、白花水八角、小果草 *Microcarpaea minima*、有腺泽番椒、曲轴黑三棱 *Sparganium fallax*、黑三棱 *S. stoloniferum*、利川慈姑 *Sagittaria lichuanensis*、无尾水筛 *Blyxa aubertii*、有尾水筛 *B. echinosperma*、水车前、菩提子 *Coix lacryma-jobi*、日本苇、卡开芦 *Phragmites karka*、田葱等。

（八）与周邻区系关系密切

1. 与天目山区的区系关系

两地共有植物计 83 种，约占宁波珍稀植物总种数的 38%。有阴地蕨、东方荚果蕨 *Pentarhizidium orientale*、金钱松、圆柏、华千金榆、水青冈、枹栎、肾叶细辛、支柱蓼 *Polygonum suffultum*、细穗藜 *Chenopodium gracilispicum*、鹅掌草 *Anemone flaccida*、小升麻 *Cimicifuga japonica*、獐耳细辛、天目木兰、浙江楠、异堇叶碎米荠 *Cardamine circaeoides*、云南山萮菜 *Eutrema yunnanense*、黄山溲疏 *Deutzia glauca*、银缕梅、鸡麻、毛果槭 *Acer nikoense*、天目槭、小勾儿茶、百两金 *Ardisia crispa*、浙江铃子香 *Chelonopsis chekiangensis*、安徽黄芩 *Scutellaria anhweiensis*、浙江黄芩 *S. chekiangensis*、天目地黄 *Rehmannia chingii*、大花旋蒴苣苔、香果树、七子花、天目山蟹甲草、金刚大、茖葱 *Allium victorialis*、铁皮石斛、独花兰 *Changnienia amoena* 等。其中有不少种类未见于天台山区，如长序榆、细穗藜、天目木兰、浙江楠、异堇叶碎米荠、黄山溲疏、银缕梅、毛果槭、小勾儿茶、浙江铃子香、安徽黄芩、大花旋蒴苣苔、天目山蟹甲草、独花兰等。

宁波与天目山虽属不同山脉，但两者间存在密切关系，分析发现它们的共有种中以北温带成分居多，通常都是一些分布于高海拔的种类。因宁波在纬度上稍偏南，且濒临海洋，故两者差异主要在于宁波拥有更多的热带成分及特殊的滨海成分。

2. 与天台山区的区系关系

两地共有植物计66种，约占宁波珍稀植物总种数的30%。有金钱松、大叶青冈、水青冈、毛叶铁线莲、拟蠔猪刺 *Berberis soulieana*、鸡麻、黄山紫荆、金豆 *Fortunella venosa*、山乌桕 *Sapium discolor*、天目槭、尼泊尔鼠李 *Rhamnus napalensis*、猴欢喜 *Sloanea sinensis*、尖萼紫茎 *Stewartia acutisepala*、华顶杜鹃、枇杷叶紫珠 *Callicarpa kochiana*、走茎龙头草 *Meehania fargesii* var. *radicans*、浙江黄芩、天目地黄、香果树、七子花、金腺荚蒾 *Viburnum chunii*、金刚大、大花无柱兰 *Amitostigma pinguicula* 等。其中有不少种类未见于天目山区，如毛叶铁线莲、拟蠔猪刺、黄山紫荆、金豆、山乌桕、尼泊尔鼠李、猴欢喜、尖萼紫茎、华顶杜鹃、枇杷叶紫珠、金腺荚蒾、大花无柱兰等。

宁波与天台山同属仙霞岭山脉，两者区系间存在紧密联系不足为奇，两地区系与天目山比更多表现在拥有较多的热带成分。但因宁波纬度稍偏北，且紧靠海洋，故两者差异主要表现在宁波的热带区系成分稍弱，但拥有着丰富的滨海成分。

3. 与中国台湾省的区系关系

两地共有植物计71种，约占宁波珍稀植物总种数的32%。有蛇足石杉、水蕨、肾蕨、杯盖阴石蕨、青钱柳、赤皮青冈、台湾榕、爱玉子、浙江樟、舟山新木姜子、台湾蚊母树、龙须藤、海刀豆、茵芋 *Skimmia reevesiana*、琉球虎皮楠、海岸卫矛、马甲子、猴欢喜、日本厚皮香、三蕊沟繁缕、多枝紫金牛、堇叶紫金牛、中华补血草、小荇菜、金银莲花、毛药花、小果草、木鳖子、芙蓉菊、卤地菊、蟛蜞菊、水车前、普陀南星、露水草 *Cyanotis arachnoidea*、田葱、密花鸢尾兰、多花兰等。

上述植物中，有的与日本共有，有的则未见于日本，如杯盖阴石蕨、青钱柳、台湾榕、爱玉子、浙江樟、台湾蚊母树、龙须藤、茵芋、山乌桕、猴欢喜、三蕊沟繁缕、堇叶紫金牛、毛药花、小果草、木鳖子、露水草、华重楼、毛药卷瓣兰、密花鸢尾兰、多花兰、长须阔蕊兰 *Peristylus calcaratus*、带唇兰 *Tainia dunnii* 等。

两地间植物区系，除了拥有众多共有种之外，还有不少地理替代种，如中华水韭与台湾水韭 *Isoetes taiwanensis*、腺毛肿足蕨与台湾肿足蕨 *Hypodematium taiwanensis*、萍蓬草与台湾萍蓬草 *Nuphar shimadai*、浙江楠与台楠 *Phoebe formosana*、花榈木与台湾红豆 *Ormosia formosana*、三叶青与台湾崖爬藤 *Tetrastigma formosanum*、海滨木槿与黄槿 *Hibiscus tiliaceus*、秋海棠与台湾秋海棠 *Begonia taiwaniana*、菱叶常春藤与台湾菱叶常春藤 *Hedera rhombea* var. *formosana*、日本女贞与台湾女贞 *Ligustrum amamianum*、金线兰 *Anoectochilus roxburghii* 与台湾银线兰 *Anoectochilus formosanus*、纤叶钗子股与台湾钗子股 *Luisia megasepala* 等。

地史资料表明，台湾与大陆于第四纪初脱离，至第四纪冰期海水撤退、海平面下降又曾与大陆相连，在相连时，植物之间相互渗透交流，分离时又各自演化，故两者植物区系既有密切关联，又存在一定差异。

4. 与日本的区系关系

两地共有植物计 104 种，约占宁波珍稀植物总种数的 47%。主要有水蕨、腺毛肿足蕨、过山蕨、骨碎补、枹栎、盐角草、孩儿参 *Pseudostellaria heterophylla*、鹅掌草、小升麻、圆头叶桂、滨海黄堇、大叶桂樱 *Laurocerasus zippeliana*、圆叶小石积、鸡麻、海滨香豌豆、闽槐 *Sophora franchetiana*、日本花椒、琉球虎皮楠、全缘冬青、毛果槭、海滨木槿、红山茶、珊瑚菜、短毛独活、百两金、日本女贞、南方紫珠、虻眼、白花水八角、日本苇、普陀南星、金刚大、阔叶沿阶草、朝鲜韭、宽叶老鸦瓣 *Amana erythronioides*、乳白石蒜、金线兰、风兰等。其中未见于中国台湾的有腺毛肿足蕨、过山蕨、枹栎、孩儿参、鹅掌草、小升麻、圆头叶桂、滨海黄堇、大叶桂樱、圆叶小石积、鸡麻、闽槐、日本花椒、毛果槭、海滨木槿、珊瑚菜、短毛独活、百两金、日本女贞、南方紫珠、虻眼、白花水八角、日本苇、金刚大、阔叶沿阶草、朝鲜韭、宽叶老鸦瓣、乳白石蒜、金线兰、风兰等。

中国宁波与日本除共有上述种外，同样存在众多的地理替代种，如榧树与日本榧 *Torreya nucifera*、华千金榆与千金榆 *Carpinus cordata*、石竹与日本石竹 *Dianthus japonicus*、普陀樟与天竺桂 *Cinnamomum japonicum*、天目木兰与星花木兰 *Magnolia tomentosa*、云南山嵛菜与日本山嵛菜 *Eutrema tenue*、龙须藤与日本羊蹄甲 *Bauhinia japonica*、茵芋与日本茵芋 *Skimmia japonica*、天目槭与宫部槭 *Acer miyabei* 等。

日本与中国大陆脱离始于新第三纪中新世，第四纪冰期来临后，海平面下降，与中国大陆又数度相连，这为两地植物区系的相互渗透和传播创造了有利条件，故现仍保存有较多的两地近海间断分布种类。由于宁波的一些海岛与日本南部海岛十分靠近，因此这类植物中有不少在中国大陆仅产于浙江甚至仅见于宁波，有的则向南北延伸，有的还分布到我国台湾及朝鲜半岛等地，如舟山新木姜子（中国浙江、上海、台湾，日本、朝鲜半岛）、圆头叶桂（中国浙江宁波，日本）、滨海黄堇（中国浙江，日本）、圆叶小石积（中国浙江，日本、菲律宾）、日本花椒（中国浙江，日本、朝鲜半岛）、全缘冬青（中国浙江、福建，日本）、海滨木槿（中国浙江，日本、朝鲜半岛）、红山茶（中国浙江、山东，日本、朝鲜半岛）、枹木（中国浙江、台湾，日本、朝鲜半岛）、菱叶常春藤（中国浙江，日本、朝鲜半岛）、日本女贞（中国浙江，日本、朝鲜半岛）、南方紫珠（中国浙江，日本）、普陀南星（中国江苏、浙江、台湾，日本、朝鲜半岛）、阔叶沿阶草（中国浙江，日本、朝鲜半岛）等，充分说明了两地间植物区系的密切程度。

如前所述，因中国大陆、中国台湾和日本三地之间在地史上曾经数度相连，为植物直接传播创造了条件，即使在分离期间，三地间的植物传播也并未停止，仍可借助诸如台风、洋流及飞鸟进行种子（孢子）的传播，另外航船也有可能不经意地进行携带传播，故三地之间的植物区系存在十分密切的关系，但相对而言，宁波植物区系与日本的关系比与我国台湾省更为密切。统计表明，在宁波 219 种珍稀植物中，三地共有种多达 48 种，约占全部种类的 22%。重要种类有阴地蕨、心脏叶瓶尔小草、松叶蕨、肾蕨、圆柏、赤皮青冈、舟山新木姜子、大叶桂樱、海刀豆、琉球虎皮楠、全缘冬青、海岸卫矛、红山茶、日本厚皮香、马甲子、珊瑚菜、球果假沙晶兰 *Monotropastrum humile*、多枝紫金牛、百两金、中华补血草、小荇菜、水虎尾、有腺泽番椒、虮眼、小果草、厚叶双花耳草、芙蓉菊、蟛蜞菊、水车前、无尾水筛、华克拉莎、普陀南星、田葱、建兰 *Cymbidium ensifolium*、绿花斑叶兰 *Goodyera viridiflora*、细茎石斛、鹅毛玉凤花 *Habenaria dentata* 等。

（九）南北交汇现象明显

由于宁波位于中亚热带北部，处于东海之滨，境内山峦起伏，独特的地理位置及多样的地形地貌形成了植物赖以生存的优越气候条件，使得不少南方和北方植物以此为界。据统计，宁波的珍稀植物中，有超过1/4的南方或北方种类以此为界，形成了明显的南北植物区系交汇现象。

1. 分布北界

宁波珍稀植物与南方植物区系存在紧密的联系，有不少南方种类分布至宁波为止（个别种类可延伸到稍北的舟山、绍兴等地），如松叶蕨、肾蕨、华南樟、龙须藤、山乌桕、尼泊尔鼠李、猴欢喜、赤皮青冈、大叶青冈、台湾榕、曲毛赤车 *Pellionia retrohispida*、尾花细辛 *Asarum caudigerum*、大叶桂樱、海刀豆、闽槐、金豆、皱柄冬青、矮冬青 *Ilex lohfauensis*、淡红乌饭树、多枝紫金牛、中华补血草、枇杷叶紫珠、水虎尾、小果草、厚叶双花耳草、金腺荚蒾、芙蓉菊、卤地菊、无尾水筛、龙爪茅、露水草、田葱、金线兰、建兰、多花兰、密花鸢尾兰、绿花斑叶兰、浙江金线兰等。

2. 分布南界

宁波珍稀植物与北方植物区系同样存在密切联系，不少北方种类分布至宁波为止（个别种类可延伸到稍南的天台山），如过山蕨、荁葱、日本苇、尖头叶藜、无翅猪毛菜、刺沙蓬、獐耳细辛、朝鲜茴芹 *Pimpinella koreana*、狭叶珍珠菜 *Lysimachia pentapetala*、鹅绒藤 *Cynanchum chinense*、喙果绞股蓝、朝鲜韭、乳白石蒜、江苏石蒜、玫瑰石蒜、稻草石蒜等。

第四节 宁波珍稀植物的分布

一、水平分布

（一）广域种

广域种指在6个以上地理单位有分布的物种。计33种，约占15%。主要有蛇足石杉、水蕨、青钱柳、赤皮青冈、榉树、金荞麦、孩儿参、毛叶铁线莲、六角莲 *Dysosma pleiantha*、天目木兰、玉兰 *Magnolia denudata*、浙江樟、野大豆 *Glycine soja*、野豇豆 *Vigna vexillata*、山绿豆 *V. minima*、毛红椿、三叶青 *Tetrastigma hemsleyanum*、杨桐 *Cleyera japonica*、野菱、七子花、华重楼、换锦花、宽叶老鸦瓣、大花无柱兰、铁皮石斛、纤叶钗子股等。

（二）区域种

区域种指在3~5个地理单位有分布的物种。计54种，约占25%。主要有金钱松、圆柏、南方红豆杉、榧树、台湾榕、中华萍蓬草、箭叶淫羊藿 *Epimedium sagittatum*、舟山新木姜子、浙江楠、云南山蓣菜、大叶桂樱、海滨香豌豆、花榈木、闽槐、马甲子、海滨木槿、红山茶、尖萼紫茎、菱叶常春藤、百两金、碎米桠 *Isodon rubescens*、大花旋蒴苣苔、香果树、喙果绞股蓝、有尾水筛、水车前、日本苇、中华结缕草 *Zoysia sinica*、华克拉莎、玫瑰石蒜、金线兰、多花兰、风兰、密花鸢尾兰等。

（三）局域种

局域种指仅分布于2个地理单位的物种。计39种，约占18%。主要有中华水韭、松叶蕨、腺毛肿足蕨、骨碎补、常春藤鳞果星蕨 *Lepidomicrosorium hederaceum*、爱玉子、萍蓬草、鹅掌草、獐耳细辛、凹叶厚朴、延胡索、台湾蚊母树、金豆、茵芋、紫花山芹、球果假沙晶兰、堇叶紫金牛、浙江铃子香、水虎尾、浙荆芥、红花温州长蒴苣苔、芙蓉菊、龙爪茅、金刚大、荠葱、宁波石豆兰、毛药卷瓣兰、独花兰等。

（四）微域种

微域种指仅见于1个地理单位的物种。计93种，约占42%。主要有心脏叶瓶尔小草、过山蕨、肾蕨、华千金榆、水青冈、枹栎、长序榆、支柱蓼、尖头叶藜、盐角草、乳源木莲、华南樟、普陀樟、圆头叶桂、红果山鸡椒、滨海黄堇、铺散诸葛菜、银缕梅、圆叶小石积、鸡麻、龙须藤、海刀豆、黄山紫荆、蒺藜 *Tribulus terrestris*、日本花椒、琉球虎皮楠、全缘冬青、毛果槭、小勾儿茶、猴欢喜、日本厚皮香、明党参、珊瑚菜、短毛独活、朝鲜崖芹、多枝紫金牛、日本女贞、金银莲花、小苈菜、南方紫珠、水蜡烛、荫生鼠尾草 *Salvia umbratica*、虹眼、白花水八角、小果草、天目地黄、厚叶双花耳草、木鳖子、沙苦荬、卤地菊、蟛蜞菊、曲轴黑三棱、利川慈姑、砂钻苔草、绢毛飘拂草、普陀南星、田葱、朝鲜韭、阔叶沿阶草、黄花百合、乳白石蒜、水仙、浙江金线兰、建兰、绿花斑叶兰、象鼻兰 *Nothodoritis zhejiangensis* 等。

　　由表 4 可见，珍稀植物种数在各地的分布是极不均衡的。宁海为 117 种，位居第一，象山为 108 种，排名第二，其余依次为鄞州（98 种）、奉化（93 种）、余姚（72 种）、北仑（61 种）、慈溪（27 种）、镇海（17 种）、江北（7 种）和市区（1 种）。

表 4　珍稀植物在各地理单位的分布情况

地理单位	珍稀种数	排序	微域种数	排序	微域种代表
慈溪	27	7	2	6	盐角草、八角莲
余姚	72	5	13	3	过山蕨、华千金榆、长序榆、拟蠔猪刺、红果山鸡椒、银缕梅、毛果槭、小勾儿茶、走茎龙头草、荫生鼠尾草等
镇海	17	8	1	7	百金花
江北	7	9	0	/	无
北仑	61	6	0	/	无
鄞州	98	3	13	4	曲毛赤车、鸡麻、皱柄冬青、金银莲花、小荇菜、水蜡烛、白花水八角、曲轴黑三棱、乳白石蒜、翅柱杜鹃兰、象鼻兰等
奉化	93	4	7	5	水青冈、小升麻、黄山紫荆、明党参、朝鲜茴芹、利川慈姑、狭穗阔蕊兰 *Peristylus densus*
宁海	117	1	24	2	肾蕨、枹栎、尾花细辛、乳源木莲、华南樟、莲、短梗海金子、矮冬青、猴欢喜、虻眼、小果草、天目地黄、木鳖子、黑三棱、露水草、浙江金线兰、建兰等
象山	108	2	33	1	心脏叶瓶尔小草、尖头叶藜、无翅猪毛菜、刺沙蓬、圆头叶桂、普陀樟、滨海黄堇、铺散诸葛菜、圆叶小石积、龙须藤、海刀豆、蒺藜、日本花椒、琉球虎皮楠、全缘冬青、日本厚皮香、珊瑚菜、短毛独活、多枝紫金牛、日本女贞、南方紫珠、沙苦荬、蟛蜞菊、砂钻苔草、普陀南星、田葱、朝鲜韭、阔叶沿阶草、水仙、绿花斑叶兰等
市区	1	10	0	/	无

　　微域种的多少可以反映一个地区生境的多样性、异质性及片断化的程度。从表 4 可看出，微域种以象山最为丰富（33 种），其次为宁海（24 种），但两者的种类性质有所不同，象山的微域种多为滨海种类，而宁海的多为由天台山脉延伸过来的山地种类；其余依次为余姚（13 种）、鄞州（13 种）、奉化（7 种）、慈溪（2 种）、镇海（1 种），而江北、北仑及市区无。

　　在各地理单位范围中，珍稀植物的分布也是极度不均衡的，往往集中于某些生境复杂、植被良好的区域内，如四明山宁波市林场有 61 种之多，宁海茶山有 36 种，宁海浙东大峡谷有 35 种，象山韭山列岛有 26 种，鄞州五龙潭景区有 20 种。

二、垂直分布

植物在垂直分布上常具有一定规律。在浙江西北部，不少植物以海拔800m为界，800m以上常出现一些温带植物。因宁波濒临海洋，植物海拔分布界限通常比内陆（浙江西北及西南部）要低200m左右，沿海600m即相当于内陆的800m，故以海拔100m以下、100~600m、600m以上及高低海拔均有分布4个海拔段进行统计，结果见表5。

表5 宁波珍稀植物垂直分布情况

海拔	种数	比例/%	代表种类
100m以下	85	38.81	中华水韭、松叶蕨、爱玉子、盐角草、石竹、萍蓬草、圆头叶桂、圆叶小石积、龙须藤、海滨香豌豆、日本花椒、琉球虎皮楠、全缘冬青、马甲子、海滨木槿、珊瑚菜、中华补血草、日本女贞、水车前、露水草、朝鲜韭、风兰等
100~600m	88	40.18	骨碎补、大叶青冈、细穗藜、毛叶铁线莲、六角莲、华南樟、大叶桂樱、花榈木、闽槐、毛红椿、猴欢喜、枇杷叶紫珠、荫生鼠尾草、香果树、木鳖子、日本苇、玫瑰石蒜、绿花斑叶兰、纤叶钗子股、独花兰等
600m以上	39	17.81	过山蕨、长序榆、支柱蓼、獐耳细辛、银缕梅、鸡麻、茴芋、毛果槭、小勾儿茶、华顶杜鹃、走茎龙头草、苕葱等
高低海拔均有	7	3.20	蛇足石杉、榉树、孩儿参、三叶青、杨桐等
合计	219	100	

从表5可看出：宁波珍稀植物有约80%的种类分布于海拔600m以下地带，这可能与宁波境内一些高海拔地段通常被开垦发展成人工用材林或种植花木有关。

第五节 宁波珍稀植物的用途与利用概况

一、主要用途

（一）观赏

经统计，219种珍稀植物中，约有92%的种类具一定观赏价值，可供园林应用。重要的如肾蕨、萍蓬草、毛叶铁线莲、六角莲、天目木兰、普陀樟、舟山新木姜子、圆头叶桂、红果山鸡椒、铺散诸葛菜、银缕梅、圆叶小石积、鸡麻、黄山紫荆、海刀豆、海滨香豌豆、花榈木、金豆、茴芋、琉球虎皮楠、全缘冬青、毛果槭、小勾儿茶、猴欢喜、海滨木槿、红山茶、尖萼紫茎、日本厚皮香、秋海棠、华顶杜鹃、淡红乌饭树、百两金、董叶紫金牛、走茎龙头草、南方紫珠、枇杷叶紫珠、天目地黄、大花旋蒴苣苔、七子花、金腺荚蒾、木鳖子、芙蓉菊、水车前、寒竹 *Chimonobambusa marmorea*、方竹 *Ch. quadrangularis*、紫竹 *Phyllostachys nigra*、龟甲竹 *Ph. pubescens* f. *heterocycla*、日本苇、卡开芦、普陀南星、露水草、朝鲜韭、黄花百合、水仙、乳白石蒜、玫瑰石蒜、换锦花、阔叶沿阶草、大花无柱兰、建兰、独花兰、风兰等。

（二）药用

统计表明，珍稀植物中约有 50% 的种类具有药用价值。重要的如蛇足石杉、阴地蕨、骨碎补、金荞麦、支柱蓼、孩儿参、芡实、箭叶淫羊藿、凹叶厚朴、延胡索、龙须藤、毛果槭、三叶青、明党参、珊瑚菜、短毛独活、天目地黄、芙蓉菊、露水草、华重楼、金线兰、铁皮石斛等。

（三）食用

在 219 种珍稀植物中，约有 15% 的种类可供食用。例如，可作为野菜的有水蕨、金荞麦、芡实（芡梗）、异堇叶碎米荠、云南山菥菜、海滨香豌豆、朝鲜韭、薤葱等；可作为调味料的有日本花椒、细叶香桂 *Cinnamomum subavenium* 等；可做成凉粉食用的如爱玉子；可做成乌米饭的如淡红乌饭树；可做成豆腐的如枹栎；另外果实或种子可食用的如南方红豆杉、水青冈、台湾榕、沼生矮樱、枇杷叶紫珠等；果实可用于酿酒的如赤皮青冈、金荞麦、芡实、砂钻苔草等。

（四）材用

在宁波的珍稀植物中，不乏材质优良的用材树种，总种数约 15% 的种类可供山地造林或园林绿化，如金钱松、南方红豆杉、榧树、赤皮青冈、水青冈、长序榆、榉树、乳源木莲、华南樟、香樟、浙江樟、细叶香桂、浙江楠、花榈木、毛红椿、全缘冬青、小勾儿茶、尖萼紫茎等。

二、利用情况

（一）观赏植物

国内外园林中已有较多应用的如肾蕨、金钱松、南方红豆杉、榉树、石竹、萍蓬草、乳源木莲、香樟、普陀樟、舟山新木姜子、莲、圆叶小石积（日本）、花榈木、海滨木槿、红山茶、日本厚皮香、日本女贞、水仙、换锦花、圆头叶桂（日本）、建兰等，其中金钱松、南方红豆杉、香樟在当地栽培应用广泛，已形成较高效益，而舟山新木姜子、海滨木槿、日本女贞等在慈溪等地也已有一定栽培规模。

（二）药用植物

已利用较多的有蛇足石杉、阴地蕨、南方红豆杉、孩儿参、凹叶厚朴、延胡索、毛果槭（日本）、三叶青、荙葱、华重楼、金线兰、铁皮石斛等，其中铁皮石斛在宁波各县市区均有栽培，产业发展较快。

（三）食用植物

已进行开发利用的有青钱柳、爱玉子（中国台湾）、芡实、日本花椒（日本）等。

（四）用材树种

已进行栽培利用的有金钱松、南方红豆杉、赤皮青冈、榉树、香樟、浙江樟、浙江楠、毛红椿等珍贵用材树种，其中金钱松、南方红豆杉、榉树、浙江楠、浙江樟、赤皮青冈被列入宁波市珍贵树种推荐名录，近年来在珍贵树种造林中被较多应用。

（五）特殊用途植物

如柃木和杨桐，是日本家庭必用的祭神用品，称为"榊木"，浙江省自 20 世纪 90 年代初开始大量出口枝叶以换取外汇，近年已逐渐从采集野生资源转为集约栽培。该产业在象山县也有一定的发展。

三、优良种类

宁波所产的珍稀植物中，下列植物具有重要价值和开发前景，在我国、浙江或宁波未见利用，可在保护好资源的前提下科学合理地进行开发。

（一）观赏植物

如圆头叶桂、华南樟、圆叶小石积、毛叶铁线莲、红果山鸡椒、海滨香豌豆、琉球虎皮楠、小勾儿茶、尖萼紫茎、华顶杜鹃、淡红乌饭树、南方紫珠、枇杷叶紫珠、大花旋蒴苣苔、红花温州长蒴苣苔、金腺荚蒾、木鳖子、水车前、日本苇、卡开芦、普陀南星、露水草、朝鲜韭、黄花百合、玫瑰石蒜、乳白石蒜、短蕊石蒜等。

（二）药用植物

如毛果槭、短毛独活、珊瑚菜、茖葱等，其中毛果槭的树皮在日本为治疗眼疾的名贵药材，茖葱是优良的食药兼用植物。

（三）食用植物

如爱玉子、云南山蓣菜、日本花椒、茖葱等，其中四明山的云南山蓣菜居群植株较大，具有培育为新型蔬菜的潜力。

（四）用材树种

如长序榆、华南樟、大叶桂樱、小勾儿茶、尖萼紫茎等，其中大叶桂樱、尖萼紫茎因其树皮鲜艳，树形优美，又是良好的观干树种。

第六节　宁波珍稀植物濒危程度的评价

综合珍稀植物在宁波境内的分布点数、居群大小、植株数量、生境现状、适应能力、繁殖特性，以及物种的科研或经济价值，对 219 种植物粗略进行了在宁波境内濒危程度的定性评判分级，结果为极危（CR）43 种，占 19.63%；濒危（EN）105 种，占 47.95%；易危（VU）43 种，占 19.63%；近危（NT）19 种，占 8.68%；无危（LC）9 种，占 4.11%。可见，宁波珍稀植物中约有 2/3 的种类处于极危或濒危状态。

1）极危种：有中华水韭、心脏叶瓶尔小草、过山蕨、长序榆、刺沙蓬、圆头叶桂、银缕梅、短梗海金子、圆叶小石积、鸡麻、海刀豆、蒺藜、日本花椒、毛果槭、小勾儿茶、日本厚皮香、珊瑚菜、多枝紫金牛、堇叶紫金牛、蟛蜞菊、田葱、玫瑰石蒜、金线兰、浙江金线兰、宁波石豆兰、独花兰、铁皮石斛、象鼻兰等。

2）濒危种：有松叶蕨、肾蕨、骨碎补、圆柏、华千金榆、水青冈、獐耳细辛、华南樟、闽槐、琉球虎皮楠、全缘冬青、海滨木槿、中华补血草、走茎龙头草、水车前、露水草、朝鲜韭、茖葱、黄花百合、水仙、风兰等。

3）易危种：有蛇足石杉、水蕨、常春藤鳞果星蕨、鹅掌草、普陀樟、矮冬青、狭叶珍珠菜、喙果绞股蓝、木鳖子、普陀南星、换锦花等。

4）近危种：有榧树、青钱柳、大叶青冈、六角莲、三叶青、香果树、纤叶钗子股等。

5）无危种：有赤皮青冈、金荞麦、野大豆、山绿豆、野豇豆、柃木、七子花等。

针对上述情况，建议由林业主管部门制定保护规划，根据本次调查结果，选重点、有计划、分阶段地开展保护工作。对列入极危与濒危类的植物，应优先实施保护措施。

第七节　宁波珍稀植物的保护现状与对策

一、现状与问题

（一）保护机制不健全，难以有效保护

宁波境内至今仅建有海滨木槿（奉化缸爿山）、南方红豆杉（宁海双峰）和古茶树（余姚梁弄）3个植物自然保护小区，未建有以保护植被和植物类型为主的省级以上自然保护区，虽然多数珍稀植物位于林场、风景区或森林公园内，但由于缺乏相关机构和专业人员，难以进行有效保护。

（二）保护意识较淡薄，破坏现象严重

调查中发现一些民众的保护意识较为淡薄，见到好的东西就随意采挖，破坏珍稀植物现象时有发生，如在韭山列岛就发现有成群结队乱采滥挖兰花资源和药材资源的现象，且未见有人阻止，也没有采取任何保护措施；一些花农随意挖取圆柏、金豆做盆景；有些药农专门上山毁灭性地采挖铁皮石斛、黄精、独花兰；一些珍稀植物赖以生存的沙滩、海涂，因不正规的旅游开发、大建度假村或大面积围垦而逐渐减少，不少滨海珍稀植物遭受破坏异常严重，有的在宁波境内已濒临绝迹状态，如盐角草、刺沙蓬、蒺藜、田葱、珊瑚菜、砂钻苔草、绢毛飘拂草等。

二、重点保护区域及对象

（一）需重点保护的关键区域

1）宁海浙东大峡谷：分布有蛇足石杉、青钱柳、榉树、台湾榕、金荞麦、孩儿参、毛叶铁线莲、六角莲、箭叶淫羊藿、天目木兰、玉兰、乳源木莲、华南樟、香樟、浙江樟、细叶香桂、短梗海金子、金豆、山乌桕、毛红椿、猴欢喜、尼泊尔鼠李、三叶青、杨桐、红山茶、尖萼紫茎、枇杷叶紫珠、大花腋花黄芩、香果树、七子花、金腺荚蒾、三叶绞股

蓝、日本苇、华重楼、带唇兰共 35 种珍稀植物。

2）宁海茶山：分布有骨碎补、常春藤鳞果星蕨、青钱柳、枹栎、榉树、金荞麦、孩儿参、獐耳细辛、毛叶铁线莲、银莲花、六角莲、箭叶淫羊藿、天目木兰、玉兰、凹叶厚朴、香樟、浙江樟、细叶香桂、沼生矮樱、毛红椿、天目槭、三叶青、红山茶、杨桐、尖萼紫茎、碎米桠、香果树、七子花、华重楼、乳白石蒜、稻草石蒜、茖葱、宽叶老鸦瓣、独花兰、纤叶钗子股、带唇兰共 36 种珍稀植物。

3）象山韭山列岛：拥有珍稀植物 26 种之多，如爱玉子、石竹、圆头叶桂、普陀樟、滨海黄堇、铺散诸葛菜、海刀豆、全缘冬青、海岸卫矛、红山茶、柃木、菱叶常春藤、短毛独活、多枝紫金牛、日本女贞、南方紫珠、厚叶双花耳草、芙蓉菊、卤地菊、中华结缕草、普陀南星、朝鲜韭、阔叶沿阶草、换锦花、水仙、大花无柱兰。

4）四明山宁波市林场及其附近区域：是珍稀植物最为丰富的区域，分布有蛇足石杉、阴地蕨、过山蕨、东方荚果蕨、金钱松、南方红豆杉、榧树、青钱柳、赤皮青冈、长序榆、榉树、金荞麦、支柱蓼、孩儿参、鹅掌草、毛叶铁线莲、獐耳细辛、拟蠔猪刺、六角莲、箭叶淫羊藿、天目木兰、玉兰、香樟、浙江樟、细叶香桂、红果山鸡椒、异堇叶碎米荠、云南山蒥菜、黄山溲疏、银缕梅、野大豆、闽槐、茵芋、毛红椿、毛果槭、小勾儿茶、三叶青、杨桐、尖萼紫茎、紫花山芹、华顶杜鹃、浙江铃子香、荫生鼠尾草、浙江黄芩、安徽黄芩、香果树、七子花、三叶绞股蓝、喙果绞股蓝、龟甲竹、菩提子、金刚大、茖葱、华重楼、宽叶老鸦瓣、大花无柱兰、多花兰、铁皮石斛、鹅毛玉凤花、纤叶钗子股、带唇兰共 61 种珍稀植物。

5）鄞州五龙潭景区：分布有常春藤鳞果星蕨、曲毛赤车、金荞麦、孩儿参、六角莲、箭叶淫羊藿、异堇叶碎米荠、三叶青、杨桐、尖萼紫茎、秋海棠、百两金、碎米桠、香果树、七子花、华重楼、宽叶老鸦瓣、翅柱杜鹃兰、纤叶钗子股、带唇兰共 20 种珍稀植物。

（二）需重点保护的小区域与种类

1. 象山县

1）南田岛鹤浦镇大沙村沙滩：重点保护对象为珊瑚菜，另有砂钻苔草、绢毛飘拂草、刺沙蓬、无翅猪毛菜、沙苦荬、卡开芦、海岸卫矛、爱玉子、中华结缕草等。

2）松兰山景区：重点保护对象为田葱和日本厚皮香，其他还有海滨香豌豆、马甲子、全缘冬青、沙苦荬、中华结缕草、华克拉莎、大花无柱兰等。

3）花岙岛：重点保护对象为圆柏，另有松叶蕨、龙须藤、红山茶、枇杷叶紫珠、芙蓉菊、阔叶沿阶草等。

4）北渔山岛：重点保护对象为圆叶小石积，另有尖头叶藜、短毛独活、厚叶双花耳草、卤地菊、芙蓉菊等。

5）泗洲头镇马岙村：重点保护对象为海滨木槿，另有金豆、华克拉莎、马甲子等。

6）泗洲头镇大灵岩：重点保护对象为浙江楠，其他还有红山茶、台湾榕、大叶青冈、三叶青、宽叶老鸦瓣等。

7）茅洋乡屠家园村：重点保护对象为堇叶紫金牛居群，其他还有金豆等。

8）墙头镇大雷山仓岙水库：重点保护对象为心脏叶瓶尔小草、金线兰、绿花斑叶兰。

9）石浦镇铜头岛：重点保护对象为普陀樟、琉球虎皮楠、日本厚皮香，其他还有红山茶、全缘冬青、海滨香豌豆、枵木等。

10）新桥镇蟹钳港：重点保护对象为海滨木槿，另有中华补血草等。

2. 宁海县

1）前童镇竹林村：重点保护对象为水车前、中华萍蓬草群落，其他还有无尾水筛等。

2）长街镇伍山石窟：重点保护对象为松叶蕨与肾蕨群落，其他还有枵木、纤叶钗子股、密花鸢尾兰等。

3）岔路镇九顷塘：重点保护对象为野生莲群落，其他还有芡实、野菱等。

4）胡陈乡毛仙村：重点保护对象为浙江金线兰、木鳖子和堇叶紫金牛。

5）深甽镇柘坑：重点保护对象为金线兰，其他还有长须阔蕊兰、六角莲等。

3. 鄞州区

1）龙观乡大路村：重点保护对象为中华水韭，其他珍稀植物还有曲轴黑三棱、三蕊沟繁缕、小荇菜、水车前、水虎尾、水蜡烛等。

2）鄞江镇晴江村：重点保护对象为风兰群落。

4. 奉化市

1）萧王庙街道后竺村天湖景区：此处为丹霞地貌，重点保护对象为延胡索和圆柏，其他尚有腺毛肿足蕨、黄山紫荆、三叶青、淡红乌饭树、狭叶珍珠菜、大花旋蒴苣苔、红花温州长蒴苣苔、宽叶老鸦瓣、换锦花、密花鸢尾兰、大花无柱兰、长须阔蕊兰等。

2）溪口镇千丈岩景区：重点保护对象为毛红椿林、铁皮石斛，其他还有金荞麦、榉树等。

3）溪口镇西坑村：重点保护对象为村口古树群中的水青冈。

4）溪口镇壶潭村：重点保护对象为榧树、香果树、七子花，其他还有浙江南蛇藤、浙江樟、箭叶淫羊藿等。

5）裘村镇缸爿山岛：重点保护对象为海滨木槿，其他还有马甲子、海岸卫矛、华克拉莎、中华结缕草等。

6）溪口镇壶潭村考坑至秀山尖：重点保护对象为银缕梅，其他有七子花等。

5. 余姚市

1）鹿亭乡上庄村：重点保护对象为铁皮石斛、宁波石豆兰等。

2）四明山镇唐田村：重点保护对象为华千金榆和走茎龙头草，其他珍稀植物还有獐耳细辛、箭叶淫羊藿、玉兰、尖萼紫茎、浙江黄芩、七子花、天目山蟹甲草、华重楼、宽叶老鸦瓣等。

6. 北仑区

　　1）白峰镇福泉山：保护对象为毛叶铁线莲、大叶桂樱、纤叶钗子股、香樟、赤皮青冈、六角莲、孩儿参、金荞麦、菱叶常春藤、异萼叶碎米荠、蛇足石杉等。

　　2）柴桥镇瑞岩寺林场：保护对象为毛红椿、云南山蓟菜、枇杷叶紫珠、大叶桂樱、赤皮青冈、三叶青、台湾榕、华重楼、青钱柳、浙江樟等。

7. 慈溪市

　　1）庵东镇兴陆村：保护对象为盐角草、鹅绒藤。

　　2）龙山镇伏龙山景区：保护对象为菱叶常春藤、江苏石蒜、淡红乌饭树等。

　　3）龙山镇达蓬山景区：保护对象为榉树、毛叶铁线莲、六角莲、八角莲、枸木、华重楼等。

　　4）观海卫镇五磊寺景区：保护对象为毛红椿、三叶青、杨桐、龟甲竹、华重楼等。

三、保护对策

（一）就地保护

1. 建立自然保护区

　　浙江境内省级以上的植物、植被型自然保护区均位于西北部、西南部及中部，东部沿海则呈现空白状态。宁波境内保护植物或植被的省级或国家级自然保护区一个也没有，这与其发达的经济地位及副省级城市地位极不相称。从考察情况看，境内植被保存良好、植物种类比较丰富的地方也有不少，如前述关键区域中的浙东大峡谷，在充分论证的基础上，可先申报建立省级自然保护区，待条件成熟后，也可增加其他区域申报建立国家级自然保护区。

　　象山县境内的渔山列岛、韭山列岛均属国家级海洋生态特别保护区，但由于主管单位为海洋局，对植物及植被不熟悉也不够重视，对岛屿上的植物和植被未能进行有效保护，致使破坏植被现象严重，乱采滥挖珍稀植物情况时有发生，建议将岛上的植物、植被也列入保护区保护对象，或改由当地林业部门负责保护。

2. 建立自然保护小区

　　对一些范围较小的、植物种类丰富或具有特殊物种的区域，可划定一些自然保护小区，如前述的一些珍稀植物集中分布的小区域，采用保护小区的形式进行保护较为合适。

（二）迁地保护

　　对一些零星分布、难以落实保护措施的物种，可由主管部门负责，移植到宁波植物园或林场等地进行专门保护，但需明确管理职责，落实专人管护，定期进行监测并建立相关档案。若条件成熟，也可以在适当地区建立珍稀植物拯救中心，对各类珍稀植物开展有效的抢救性保护。

（三）加强保护宣传

主管部门可采用影像、文字、图片等形式，从保护的目的意义、保护的法律法规等方面加强对野生珍稀植物进行保护的宣传工作，提高民众的自觉保护意识，防止破坏野生珍稀植物现象的发生。

（四）加强专业培训

认识和熟悉珍稀植物是保护工作的重要基础，有关部门应定期组织林业技术人员，尤其是相关执法人员的培训工作，请专家讲解珍稀植物的形态特征和识别要点，生物学与生态学特性，保护的技术措施与方法，有条件可组织现场考察等。

（五）加强科学研究

许多珍稀植物的生物学和生态学特性及繁育技术至今尚不清楚或未掌握，而对珍稀植物进行繁育、扩大种群数量是极为重要的保护手段和途径，政府部门应予以高度重视，每年列出专项经费，鼓励专业人员或科研院所对珍稀植物开展研究，包括特性研究，繁育技术研究，野外回归和利用价值研究等，不仅要把这些珍稀植物保护下来，繁衍下去，还要让它们为人类服务，以产生良好的生态、经济和社会效益。

各 论

第一节　国家重点保护野生植物

001　中华水韭
Isoëtes sinensis Palmer

特征　多年生水生草本。茎短，肉质，块状，由2～3瓣组成，基部生有多数须状二叉分枝的根。叶线状钻形，多数，彼此覆瓦状簇生于块茎上，长15～30cm，先端渐尖，叶内具横隔膜，基部成膜质宽鞘，腹面凹陷处着生孢子囊，上方有1枚叶舌。孢子囊异型，白色，椭圆形，长约9mm，径约3mm。

分布　见于北仑、鄞州，生于低海拔的山边浅水湿地或小水沟中。记载产于西湖区、建德、诸暨、莲都，上述地点现除建德外均已难觅踪迹；分布于江苏、安徽、广西。

特性　喜温暖湿润气候；要求水质洁净、不流动的浅水生境，底土为肥沃的淤泥；不耐干旱；忌水体化学污染。孢子能自繁。孢子期5月下旬至10月底。

价值　我国特有植物，起源古老，分类位置孤立，具有很高的科学研究价值。因水体环境污染，资源已近枯竭。国家一级重点保护野生植物。

繁殖　孢子或分株繁殖。

国家重点保护野生植物

浙江省重点保护野生植物

其他珍稀植物

002　水蕨 龙须菜

Ceratopteris thalictroides (Linn.) Brongn.

特征　一年生水生草本，高 30～80cm。叶簇生，二型：营养叶直立或幼时漂浮，2～3 回羽裂，羽片 4～6 对，斜向上，二回羽裂；小羽片 2～4 对，互生，斜向上，扁平，小羽片间常生芽胞；孢子叶 2～3 回鹿角状深羽裂；末回裂片狭条形，边缘薄而透明，强度反卷到达中脉。孢子囊群沿网脉疏生，幼时为反卷的叶缘覆盖，成熟后多少张开。

分布　见于慈溪、北仑、鄞州、奉化、宁海、象山，生于低海拔的池塘、水沟、农田或湿地中。产于湖州、嘉兴、杭州、温州；分布于华东、华南、华中、西南等地。广布于热带及亚热带地区。

特性　喜光，亦耐半阴；要求水质洁净的静水或水流缓慢的环境，也可生于潮湿的农地中，底土为水稻土或中性至微酸性的淤泥；不耐干旱；忌化学污染。孢子自繁能力较强。

价值　水蕨起源古老，分类位置孤立，具有较高的科学研究价值。因环境污染，资源急剧减少，易危种。全草入药，具散瘀拔毒、镇咳化痰、止痢、消积、止血功效；嫩叶可入菜；植株秀雅，可供水体、湿地美化或盆栽观赏。国家二级重点保护野生植物。

繁殖　孢子、芽胞或分株繁殖。

国家重点保护野生植物

浙江省重点保护野生植物

其他珍稀植物

003 金钱松
Pseudolarix amabilis (Nels.) Rehd.

特征　落叶大乔木，高达 58m，胸径 1.5m。树干通直，树皮深裂成不规则鱼鳞状；具长、短枝。叶条形，柔软，在长枝上螺旋状互生，在短枝上簇生。雌雄同株，雄球花簇生于短枝顶端，雌球花单生于短枝顶端。球果卵圆形，种鳞熟时脱落。种子具膜质长翅。

分布　见于余姚、鄞州、奉化、宁海，生于海拔 1000m 以下的山坡、沟谷，常散生于阔叶林、毛竹林中；宁波各地多有栽培。产于湖州、杭州、绍兴、台州、丽水、衢州及永嘉；分布于华东、华中及四川等地。

特性　喜温暖湿润的气候和肥沃深厚、排水良好的黄壤或黄棕壤；不耐高温、干旱、瘠薄、盐碱和水涝，能耐 −20℃短期低温；喜光，深根性树种，抗风，耐雪压。3 月中下旬芽萌动，4 月初展叶，4 ～ 5 月开花，10 月下旬至 11 月初球果成熟，10 月下旬叶变黄，11 ～ 12 月落叶。

价值　为我国特有的单种属珍贵用材树种，第三纪孑遗植物，分布零星，个体稀少。树皮可提取栲胶，又可提制土槿皮酊，用于治顽癣及脚气；树姿优美，秋叶金黄，甚为美观，为世界五大庭园观赏树种之一。国家二级重点保护野生植物。

繁殖　播种、扦插繁殖。

国家重点保护野生植物

浙江省重点保护野生植物

其他珍稀植物

004 南方红豆杉

Taxus wallichiana Zucc. var. *mairei* (Lemee et Lévl.) L. K. Fu et Nan Li

特征 常绿大乔木，高达 30m。叶螺旋状互生，在小枝上排成 2 列；叶片条形，微弯，柔软，正面中脉隆起，背面气孔带黄绿色。种子倒卵形或宽卵形，长 6～8mm，生于鲜红色肉质杯状假种皮中。

分布 见于余姚、鄞州、奉化、宁海，散生于海拔 600m 以下的沟谷、山坡林中或村边；各地常有栽培。产于浙江省山区、半山区；分布于长江流域以南各地。

特性 适宜温暖湿润的气候；性耐阴，稍耐寒，喜土层深厚、疏松肥沃、排水良好的酸性或中性土壤，也能在石灰岩山地或瘠薄的山地生长。花期 3～4 月，种子 11 月成熟。

价值 我国特有的古老物种。边材淡黄褐色，心材红褐色，纹理美丽，结构细密，耐腐耐磨，具光泽及香气，为家具、雕刻等的高级用材；假种皮味甜可食；种子油可供制皂或作润滑油；树冠高大，形态优美，树叶浓密，秋季假种皮鲜红色，十分醒目，为优良的园林绿化树种；植物体含生物碱，具抗癌功效。国家一级重点保护野生植物。

繁殖 扦插、播种繁殖。种子千粒重 80～90g，具休眠特性，采种后去除假种皮，并经露天低温层积沙藏；春播，通常隔年发芽，发芽率可达 80% 左右；扦插成活率可达 90% 以上。

国家重点保护野生植物

浙江省重点保护野生植物

其他珍稀植物

005　榧树
Torreya grandis Fort. ex Lindl.

特征　常绿大乔木，高达 30m。叶对生，在小枝上排成 2 列；叶片条形，通直而质硬，长 1.1～2.5cm，先端具短刺尖，正面中脉不明显，背面有 2 条微下陷的淡褐色气孔带。雌雄异株；雄球花单生叶腋，具短梗；雌球花成对生于叶腋，无梗。种子全部包于肉质假种皮中而呈核果状，椭圆形、卵圆形、倒卵形等，长 2.3～4.5cm，径 2.0～2.8cm。

分布　见于余姚、北仑、鄞州、奉化、宁海，生于海拔 800m 以下的山坡、沟谷、村边阔叶林或毛竹林中。产于浙江省山区、半山区；分布于华东、华中及西南。

特性　要求温暖湿润、雨量丰富的气候；喜光和好凉爽湿润的环境，对土壤要求不严，忌积水低洼地，干旱瘠薄处生长不良，较耐寒，树龄长。花期 4 月，种子翌年 10～11 月成熟。

价值　我国特产的古老树种。木材纹理直，结构细，硬度适中，具弹性，有香气，不翘不裂，耐水湿，为优质珍贵用材；种子可炒食，亦可榨食用油；假种皮可提炼芳香油；树姿优美，可作园景树或树桩盆景；多用作嫁接香榧的砧木。国家二级重点保护野生植物。

繁殖　播种、扦插、嫁接繁殖。

006 长序榆
Ulmus elongata L. K. Fu et C. S. Ding

特征 落叶大乔木，高可达 30m。单叶互生；叶片椭圆形、椭圆状披针形，先端渐尖，基部偏斜，边缘具大而深的重锯齿，齿尖内弯，羽状脉，侧脉 16～30 对；叶柄长 5～8mm。花两性，先叶开放，总状聚伞花序长约 7cm。翅果狭长，先端 2 深裂，边缘密被白色长睫毛，果核位于翅果中部。

分布 仅见于余姚四明山，生于海拔 600m 左右的山坡林中。产于临安、遂昌、松阳、庆元等地；分布于安徽、江西、福建。

特性 适生于温暖湿润的气候和较肥沃的山地黄壤；喜光树种，深根性，生长快。4 月初芽膨大，中旬展叶，3 月中旬至 4 月上旬先叶开花，4 月下旬翅果成熟，10 月叶变色，11 月落叶。结实有大小年。翅果千粒重 5～6g。

价值 长序榆组 Sect. *Chaetoptelea* (Liebm.) Schneid. 系东亚和北美间断分布类群，在研究两地植物区系组成和关系方面具有科学意义。树干端直，材质坚重，花纹美丽，为速生珍贵用材树种；树形优美，秋叶黄色，可供园林观赏。华东特有种。国家二级重点保护野生植物。

繁殖 播种或扦插繁殖。当果实变黄棕色时及时采收，否则会随风飘散，随采随播，一周即可发芽，发芽率 70%～90%。

国家重点保护野生植物

浙江省重点保护野生植物

其他珍稀植物

007　榉树
Zelkova schneideriana Hand.-Mazz.

特征　落叶乔木，高达 25m。单叶互生，排成两列；叶片椭圆状卵形或卵状披针形，先端渐尖，基部宽楔形或近圆形，边缘有桃形锯齿，羽状脉，侧脉 7～14 对，正面粗糙，背面密被淡灰色柔毛。花单性，雌雄同株，雄花簇生于新枝下部的叶腋或苞腋，雌花单生或 2～3 朵生于新枝上部的叶腋。坚果小而歪斜。

分布　宁波市内各山区、半山区多见，散生于海拔 700m 以下的山坡、沟谷林中；也常见园林栽培。产于浙江省各地；分布于淮河流域、秦岭以南、长江中下游各地，南至两广及云南东南部。日本、朝鲜及俄罗斯远东地区也有。

特性　喜温暖的气候；中等喜光树种，在微酸性、中性、钙质土及轻盐碱土上均可生长；深根性，抗风力强；初期生长缓慢，6～7 年后生长加快，10～15 年开始结实，结果期可达百年以上，结实有大小年；3～4 月开花，花叶同放，10 月叶片变紫红色，10～11 月果熟。

价值　材质坚硬，有弹性，不翘裂，结构细，纹理美，有光泽，抗压，耐水湿，耐腐朽，为优良珍贵用材树种；茎皮纤维强韧，可制人造棉和绳索；树形优美，秋叶红艳，抗风力强，耐烟尘，是城乡绿化和营造防风林的好树种。国家二级重点保护野生植物。

繁殖　播种繁殖。

国家重点保护野生植物

浙江省重点保护野生植物

其他珍稀植物

008 金荞麦 野荞麦 金锁银开
Fagopyrum dibotrys (D. Don) Hara

蓼科
Polygonaceae

特征 多年生草本，高 60～150cm。地下有粗大结节状坚硬块根；全体无毛，茎直立，中空。叶片宽三角形或卵状三角形，先端渐尖或尾尖，基部心状戟形；托叶鞘膜质，筒状，顶端截形。花小，白色，排列成开展的伞房状花序；花梗近中部具关节。瘦果卵状三棱形，褐色。

分布 宁波各地常见，以山区为多，多生于低海拔的山坡荒地、旷野路旁及沟谷水边。产于浙江省各地；华东、华中、华南、西南及陕西均有分布。印度、巴基斯坦、尼泊尔、越南、泰国也有。

特性 适应性较强，适生于温暖气候及阴湿环境；喜肥沃疏松、排水良好的沙质壤土。2月中旬萌芽，3月展叶，花期9～11月，果期10～12月，11～12月地上部分枯萎。

价值 块根供药用，有清热解毒、软坚散结、调经止痛、健脾利湿等功效，并有较强的抗癌功效，对冠心病等心脑血管疾病也具有良好的疗效；植株丛生，叶片翠绿，花色洁白，可供园林观赏；嫩叶可蔬食；果实富含淀粉，可食用或酿酒。国家二级重点保护野生植物。

繁殖 播种、扦插、分株繁殖。

国家重点保护野生植物

浙江省重点保护野生植物

其他珍稀植物

009 莲 荷花
Nelumbo nucifera Gaertn.

特征 多年生挺水草本，高 1～2m。地下茎（藕）肥厚具节，中有孔道。叶有浮水叶和挺水叶之分；叶片圆形，盾状着生，波状全缘，叶脉放射状；叶柄具小刺。花大，单生，红或白色，萼片 4～5 枚；花瓣多数；花托（莲蓬）花后增大，顶端平截，嵌生坚果（莲子）。莲子椭圆形或卵形，长约 1.5cm，褐色。

分布 野生者仅见于宁海岔路九顷塘，生于古塘中；宁波市各地普遍有栽培。浙江省内各地广泛栽培，偶有野生；我国南北各地均有分布。亚洲南部、大洋洲及俄罗斯、朝鲜、日本也有。

特性 喜生于相对稳定的湖泊、沼泽、池塘、沟渠的平静浅水中；要求深厚、腐殖质丰富的淤泥质底土，喜光，耐寒。3～4 月抽生浮水叶，4～5 月长出挺水叶，6～9 月开花，8～10 月果熟，10 月中下旬叶片开始枯萎。

价值 古老物种。花大艳丽，具香气，是重要的水生花卉和佛教植物，现园艺品种繁多；藕可作蔬食或提取淀粉；莲子可供食药用，为滋补强壮剂，莲心、花瓣、叶片等均可入药；荷叶可作保健茶或食品包装等。国家二级重点保护野生植物。

繁殖 分藕或播种繁殖。

附注 宁海九顷塘中的莲在南宋时期的《赤城记》及明朝崇祯年间的《宁海县志》中均有记载，历经 700 多年，自生自灭，繁衍至今。

国家重点保护野生植物

浙江省重点保护野生植物

其他珍稀植物

010 凹叶厚朴
Magnolia officinalis Rehd. et Wils. ssp. *biloba* (Rehd. et Wils.) Cheng et Law

特征 落叶乔木，高达 15m。树皮灰白色，不裂；小枝粗壮，有环状托叶痕；顶芽大。叶大型，常多数集生枝顶；叶片倒卵状长圆形，先端圆钝，微凹至深凹，基部宽楔形，全缘，正面绿色，无毛，背面灰绿色，有白粉和卷毛，侧脉 15～25 对。花大，单生枝顶，白色，花被片 9～12 枚。聚合蓇葖果长圆状卵形，基部宽圆。种子鲜时红色。

分布 见于奉化三十六湾和宁海梁皇山，生于海拔 500～700m 的山坡、沟谷杂木林中。产于浙江省山区，各地常有栽培；分布于华东、华南及湖南南部。

特性 要求温暖湿润气候和疏松肥沃的酸性土壤；大树喜光，幼树稍耐阴，较耐寒。3 月下旬至 4 月上旬抽叶，4～5 月开花，9～10 月果熟，11 月落叶。

价值 我国特产树种。树皮、花、种子皆可入药，尤以树皮"厚朴"为著名中药材；种子有明目益气功效，也可榨油供制肥皂；树形优美，叶片硕大，花大美丽，可作庭园绿化树种。国家二级重点保护野生植物。

繁殖 播种繁殖。

国家重点保护野生植物

浙江省重点保护野生植物

其他珍稀植物

011 香樟
Cinnamomum camphora (Linn.) Presl

樟科
Lauraceae

特征　常绿大乔木，高达 30m，胸径达 5m。全株有香气；小枝光滑无毛。单叶互生；叶片薄革质，卵形或卵状椭圆形，先端急尖，基部宽楔形至近圆形，边缘微波状起伏，离基三出脉，脉腋有腺窝。圆锥花序腋生；花小，淡黄绿色。果近球形，直径 6～8mm，熟时紫黑色。

分布　见于除镇海、江北外的各地山区，生于海拔 600m 以下的山坡、沟谷阔叶林中；宁波全市普遍栽培。野生或栽培于浙江省各地；分布于我国长江流域以南各地。越南、朝鲜、日本也有。

特性　喜温暖湿润、雨量丰沛的气候，耐寒性不强；大树喜光，幼时耐阴；对土壤要求不严；较耐水湿，但忌水涝，不耐干旱、瘠薄和重盐碱土；主根发达，深根性，能抗风；生长速度中等，寿命可长达千年；耐烟尘，抗有毒气体能力较强，适应城市环境。花期 4～5 月，果期 8～11 月。

价值　木材纹理色泽美观而致密，易加工，具芳香，防虫蛀，耐水湿，为优良珍贵用材；全株可提取樟脑、樟油，供医药、化工、防腐杀虫等用；种子可榨油，供制肥皂、润滑油；树冠宽广、枝叶茂密，是极好的行道树、庇荫树和庭园绿化树。浙江省省树和宁波市市树。国家二级重点保护野生植物。

繁殖　播种繁殖。

国家重点保护野生植物

浙江省重点保护野生植物

其他珍稀植物

012　普陀樟
Cinnamomum japonicum Sieb. var. *chenii* (Nakai) G. F. Tao

樟科
Lauraceae

特征　常绿乔木，高达20m。小枝绿色，光滑。单叶对生或在小枝上部互生；叶片革质，卵状长椭圆形或长圆形，先端渐尖，基部宽楔形或近圆形，正面有光泽，两面无毛，离基三出脉。聚伞圆锥花序腋生；花小，淡黄色。果实长圆形，长约1.3cm，熟时蓝黑色，有光泽。

分布　仅见于象山的韭山列岛、石浦铜山岛和檀头山岛，生于海拔200m以下的山坡、沟谷阔叶林中；各地常有栽培。产于舟山普陀；分布于上海大金山岛。

特性　喜冬暖夏凉、温暖湿润的海洋性气候；要求土壤肥沃、湿润，pH5.5～5.7，也耐中度盐碱；稍耐阴树种，幼苗、幼树在林下生长较好；根系发达，抗风耐旱，萌蘖性强。花期5～6月，果期11～12月。

价值　普陀樟为日本桂 *Cinnamomum japonicum* Sieb. 的变种，后者分布于朝鲜和日本，对研究东亚植物区系有学术意义。木材坚实致密，纹理美观，耐水湿，有香气，为珍贵用材；树形美观，枝叶茂密，为优良的绿化观赏树种。其分布区狭小，天然植株不多，加上材质优良，大树曾屡遭砍伐，野生资源趋于枯竭。国家二级重点保护野生植物。

繁殖　种子繁殖。果熟时及时采收，用水浸润，搓洗除净果皮、果肉，湿沙层积贮藏，冬播或春播，发芽率可达80%以上。也可采用扦插繁殖。

013 舟山新木姜子 佛光树
Neolitsea sericea (Bl.) Koidz.

樟科
Lauraceae

特征　常绿乔木，高达 10m。树皮平滑不裂；幼枝、嫩叶密被金黄色绢状柔毛。单叶互生；叶片革质，椭圆形，边缘略反卷，离基三出脉。伞形花序腋生；花小，黄色。果密集，球形，径约 1.3cm，熟时鲜红色，有光泽。

分布　见于北仑、鄞州、宁海、象山，生于海拔 400m 以下的山坡阔叶林中或林缘；奉化、江北等地有栽培。产于舟山；分布于上海、台湾。朝鲜、日本也有。

特性　分布区地处中亚热带沿海岛屿或沿海山地，气候冬暖夏凉；林地土壤湿润，有机质丰富，多为红壤，pH5.5 ～ 5.7；稍耐阴树种，根系发达，耐旱、抗风，具较强的萌芽性。花期 9 ～ 10 月，果翌年 11 月至第三年 3 月成熟。

价值　舟山新木姜子产于我国东部沿海及朝鲜、日本，对研究东亚植物区系和沿海植被有学术意义。幼嫩的枝叶密被金黄色绢状柔毛，在阳光下金光闪闪，耀眼夺目，产地称其为"佛光树"；树形优美，枝叶浓密，红果艳丽，是优良的庭园观赏及行道树种；木材结构细，纹理直，为建筑、家具的优质用材。舟山市市树。国家二级重点保护野生植物。

繁殖　播种繁殖，果皮呈鲜红色时及时采收，除去肉质果皮，晾干，湿沙层积贮藏至春播；也可用扦插繁殖。

国家重点保护野生植物

浙江省重点保护野生植物

其他珍稀植物

014 浙江楠
Phoebe chekiangensis P. T. Li

特征　常绿乔木，高达 20m。树皮不规则薄片状剥落；小枝密被毛。单叶互生；叶片革质，倒卵状椭圆形至倒卵状披针形，先端突渐尖至长渐尖，基部楔形或近圆形，边缘常反卷，侧脉 8～10 对，与中脉在正面凹下，背面网脉明显。圆锥花序腋生。果椭圆状卵形，长 1.2～1.5cm，熟时蓝黑色，外被白粉，宿存花被裂片紧贴果实基部。种子两侧不对称，多胚性。

分布　见于鄞州、奉化、宁海、象山，生于海拔 50～550m 的溪边、阴坡常绿阔叶林中；各地常有栽培。产于湖州、杭州、绍兴、丽水、温州；分布于江西、福建。

特性　要求温暖凉润、雨量充沛的气候和湿度较大的环境；生境土壤深厚、肥沃、湿润、疏松，多为红壤、黄壤，pH4.5～6；较耐阴树种，但壮龄期需要适当的光照；深根性，抗风力强，萌芽性较弱。5 月中旬至 6 月上旬开花，11 月果熟。种子千粒重 324g。

价值　为华东地区特有种，在植物区系研究方面有学术意义。树干通直，材质坚硬，结构细致，具光泽和香气，为珍贵优质用材；树冠端整，枝叶繁茂，为优良的园林绿化树种。其分布区狭窄，因过度砍伐及森林破坏，资源趋于枯竭。国家二级重点保护野生植物。

繁殖　种子繁殖为主，也可枝插、根插繁殖。果实采收后浸水去除肉质果皮，再用草木灰搓去所附油脂，洗净阴干即可播种，或湿沙层积贮藏至春播。种子具休眠特性，用湿沙层积变温处理 3 周可解除休眠。

国家重点保护野生植物

浙江省重点保护野生植物

其他珍稀植物

015　银缕梅

Parrotia subaequalis (H. T. Chang) R. M. Hao et H. T. Wei

特征　落叶乔木或灌木状，高达 8m，胸径可达 40cm。树干常扭曲，凹凸不平，树皮呈不规则薄片状剥落；常有大型坚硬虫瘿；裸芽，被褐色绒毛。单叶互生；叶片纸质，阔倒卵形，先端钝，基部圆形、截形或微心形，边缘中部以上有钝锯齿，两面及叶柄均有星状毛。头状花序腋生或顶生；花小，两性，先叶开放；无花瓣；雄蕊 5 ～ 15 枚，具细长下垂花丝，花药黄绿色或紫红色；子房半下位，2 室。蒴果木质，卵球形，密被星状毛。种子纺锤形，深褐色，有光泽。

分布　仅见于四明山秀尖山顶峰（位于奉化境内），生于海拔 970m 左右的山顶林中。产于临安、安吉；分布于江苏、安徽。

特性　喜凉爽湿润的气候和深厚肥沃、排水良好的酸性土壤；喜光，耐旱；萌蘖性强。3 月中、下旬开花，4 月上旬萌叶，9 ～ 10 月果熟，10 月中旬叶片开始变色，11 月下旬至 12 月上旬落叶。

价值　树姿古朴，干形苍劲，叶片入秋变红或黄色，可作园林景观树，也是优良的盆景树种；材质坚硬，结构细密，浅褐色，有光泽，可做工艺品等。该种起源于第三纪，为与恐龙同时代的古老植物，对研究东亚、中亚和北美植物区系和金缕梅科系统发育有重要学术价值。华东特产种，宁波为本次调查发现的浙江东部唯一分布点。国家一级重点保护野生植物。宁波境内植株极为稀少，目前仅见 3 丛。

繁殖　播种、扦插繁殖。

附注　银缕梅属全世界仅 2 种，另一种为伊朗银缕梅 *Parrotia persica* (DC.) C. A. Mey，产于里海南岸。

016　花榈木　臭柴
Ormosia henryi Prain

特征　常绿乔木，高达 12m。树皮青灰色，光滑；小枝绿色，连同叶轴、叶背面密被灰黄色绒毛。奇数羽状复叶互生；小叶 5～9 枚，革质，椭圆形至长圆状披针形。圆锥花序顶生或腋生；花淡紫色。荚果木质，长圆形，具种子 2～7 粒，种子间有横隔；种子鲜红色。

分布　见于北仑、鄞州、奉化、宁海、象山，散生于海拔 500m 以下的沟谷、山坡林中或林缘；鄞州、余姚及市区有栽培。产于浙江省山区丘陵；分布于华东、华中、西南及广东。

特性　要求温暖湿润的气候；适应性较强，是红豆树属中最耐寒的树种；小树耐阴，大树喜光；对土壤要求不严，但以微酸性至中性的红壤或沙质壤土为好；根系发达，生长速度中等，自然更新能力较强。花期 6～7 月，果期 10～11 月。

价值　我国特有树种。心材质地坚硬，结构细致，花纹美丽，为优质家具或装饰用材；枝叶供药用，主治跌打损伤、风湿性关节炎及无名肿毒；树形端整，枝叶茂密，种子艳丽，是优良的园林景观树种。国家二级重点保护野生植物。

繁殖　播种繁殖。

017　野大豆
Glycine soja Sieb. et Zucc.

特征　一年生草质缠绕藤本。茎纤细，疏被褐色长硬毛。三小叶复叶互生；顶生小叶卵形至卵状披针形，先端急尖，基部近圆形，全缘，两面均被伏毛，侧生小叶较小，基部偏斜。总状花序腋生；花小，蝶形，淡紫色。荚果稍扁平，长15～30mm，密被长硬毛。种子2～4粒。

分布　宁波全市各地极常见，尤以低海拔的旷野、荒地、路边、草丛为多。产于浙江省各地；分布于华东、华中、华北、西北及东北。朝鲜、日本、俄罗斯也有。

特性　性极强健，抗寒，耐旱，耐盐，抗病，喜光，适应多种生境和土壤，自繁能力极强，有时会危害其他植物的生长。花期6～8月，果期9～10月。

价值　可作牧草及绿肥；全草入药，有补气血、强壮、利尿、平肝、止汗之效；种子称"野料豆"，入药可益肾止汗。是大豆的近缘种，可作大豆育种改良的亲本。国家二级重点保护野生植物。

繁殖　播种繁殖。

018　毛红椿
Toona ciliata Roem. var. ***pubescens*** (Franch.) Hand.-Mazz.

棟科
Meliaceae

特征　落叶乔木，高达 25m。树皮灰褐色，纵裂；小枝散生皮孔，连同叶轴、叶柄、叶背、花序均密被棕色柔毛。偶数或奇数羽状复叶互生，长约 40cm，有小叶 9～28 枚；小叶片长圆状卵形，先端急尖或渐尖，基部偏斜，全缘。圆锥花序顶生；花小，白色，芳香。蒴果倒卵圆形，顶端圆钝，基部楔形，红褐色，密生皮孔，5 瓣开裂。种子两端有翅。

分布　见于除镇海、江北外的各地山区，生于海拔 300～700m 的沟谷、山坡阔叶林中。产于临安、慈溪、普陀一线以南的山地；分布于西南及江西、湖北、广东等地。本种在宁波较常见。

特性　要求温暖湿润的气候及雨量充沛、光照充足的环境；林地土壤为深厚、疏松、肥沃、湿润的山地黄红壤，pH5.6～7.0；喜光树种，枝下高明显，浅根性，萌芽性强，生长迅速，能自然更新。3 月下旬发芽抽叶，4～5 月开花，10～11 月果熟，12 月落叶。

价值　我国特有种，在植物区系研究方面有学术意义。木材红褐色，结构细，纹理直，花纹美观，为高级珍贵用材；树皮可提取栲胶。本种零星分布，因其材质好，大树常被砍伐，天然母树急剧减少。国家二级重点保护野生植物。

繁殖　种子繁殖。果熟时及时采收，晒干取种，装布袋挂通风处贮藏，翌年春播。

019 野菱
Trapa incisa Sieb. et Zucc.

特征 一年生水生草本。浮水叶在茎顶的菱盘上放射状排列；叶片菱形或扁菱形，先端急尖，基部宽楔形或近截形，中上部边缘有齿，仅背面有棕褐色柔毛；叶柄有较细长的气囊。花小，白色，单生于叶腋。坚果小，具4枚刺状角，角端有倒刺，果冠明显，顶端有短喙。

分布 见于宁波市各地，生于浅水的湖泊、池塘、水沟中。产于浙江省各地；分布于华东、华中、华南、西南、华北。日本、朝鲜及东南亚也有。

特性 喜生于水塘、湖泊或田沟中，要求污染较轻、水深不到50cm、淤泥深厚肥沃的静水环境；喜光，耐寒性强。3～4月发芽长叶，7～9月开花，10～12月果熟，随后植株枯萎。

价值 果实小，富含淀粉，可食用，具补脾健胃、生津止渴、解毒消肿功效。因其具有较强抗逆性，可作菱的育种材料。国家二级重点保护野生植物。

繁殖 播种繁殖。

020　珊瑚菜 北沙参
Glehnia littoralis F. Schmid. ex Miq.

特征　多年生草本，高 5～35cm。全株被灰色绒毛。主根发达，圆柱形，长达 70cm。茎直立，不分枝。叶互生；叶片质厚，基生叶卵形至三角状宽卵形，三出分裂或二回羽状深裂，末回裂片倒卵形至卵圆形，先端钝圆，基部楔形至截形，缘具粗锯齿，茎上部叶卵形；叶柄基部具宽鞘。复伞形花序顶生；伞辐 10～14 条，无总苞；小伞形花序具花 15～20 朵，有条状小总苞 8～12 枚；花瓣 5 枚，白色。双悬果卵球形或椭圆形，具 5 条木栓质果棱。

分布　仅见于象山，生于滨海沙滩。产于舟山部分岛屿及玉环、瑞安、平阳等地；零星分布于广东至辽宁沿海地区。朝鲜、日本、俄罗斯也有。

特性　要求温暖湿润、冬暖夏凉、温差较小的海洋性气候；喜生于平坦的滨海沙滩或排水良好的沙壤土中，黏土不宜；对土壤肥力要求不严，耐盐碱，为盐碱土的指示植物；喜光，耐寒，耐旱，忌积水。3 月下旬至 4 月上旬发芽长叶，5～7 月开花，6～8 月果熟，10 月下旬地上部分枯萎。

价值　传统名贵中药材，根入药，中药名"北沙参"，具清肺泻火、养阴止咳等功效；根系深，抗性强，耐盐碱，可作海岸固沙及盐碱土改良植物。因滨海开发旅游、挖沙及过度采挖而使资源近于枯竭。国家二级重点保护野生植物。

繁殖　种子繁殖。果实极易脱落，应及时采收。种子有生理后熟特性，需进行低温处理。

021　香果树
Emmenopterys henryi Oliv.

特征　落叶大乔木，高可达 35m。小枝红褐色，具皮孔。单叶对生；叶片较大，宽椭圆形至宽卵形，先端急尖或短渐尖，基部圆形或楔形，全缘，羽状脉；叶柄常带紫红色。聚伞花序组成顶生的大型圆锥状花序；花两性；部分花具 1 枚大型白色叶状萼裂片，宿存；花冠漏斗状，白色。蒴果近纺锤形，长 3 ～ 5cm，具纵棱，熟时红色，2 裂。种子细小，具翅。

分布　见于余姚、北仑、鄞州、奉化、宁海、象山，生于海拔 400 ～ 900m 的山坡、山谷阔叶林中。产于浙江省各地山区；分布于华东、华中、西北、华南及西南。

特性　要求温凉、雨量充沛、湿度较大的环境和湿润肥沃、疏松透气的土壤；土壤多为山地黄壤或黄棕壤，pH5 ～ 6.5，也能在石灰性土壤上生长；稍喜光树种，幼树耐阴，自然整枝良好。3 月中旬萌芽发叶，7 ～ 8 月开花，10 ～ 11 月果熟，12 月落叶。

价值　我国特有的单种属树种，中生代白垩纪孑遗植物，对研究茜草科系统发育和古植物地理区系有学术价值。生长迅速，材质优良；树皮可作人造棉原料；根与树皮作药用，具湿中和胃、降逆止呕功效；树姿雄伟，花叶秀美，宿存的大型萼片尤为醒目，可作园林绿化树种。英国植物学家威尔逊在他的《华西植物志》（*Plantae Wilsonianae*）中，把香果树誉为"中国森林中最美丽动人的树"。国家二级重点保护野生植物。

繁殖　种子繁殖，蒴果呈红色时及时采收，置通风处阴干取种，直接播种或挂袋贮藏至春播；也可扦插繁殖。

022 七子花 浙江七子花
Heptacodium miconioides Rehd.

忍冬科
Caprifoliaceae

特征 落叶小乔木，高达 8m，常丛生而呈灌木状。树皮灰白色，长薄片状剥落。单叶对生；叶片卵形或卵状长圆形，先端尾状渐尖，基部圆形至微心形，全缘，三出脉相互靠近。聚伞圆锥花序顶生，由多数密集的穗状小花序组成，小花序 1～2 轮，每轮常具 7 朵花，故名；花小，白色。核果密集，顶端具宿存、花后增大的 5 枚紫红色萼裂片。

分布 见于除慈溪、镇海、江北以外的各地山区，生于海拔 300m 以上的沟谷、山坡阔叶林中。产于杭州、绍兴、金华、台州、丽水；分布于安徽、湖北。

特性 要求温暖湿润、雨量充沛的气候和湿度较大的环境；林地土壤湿润疏松，枯枝落叶层松软，土层较深厚，土壤为山地黄壤或黄棕壤，pH5.0～6.5；幼龄期较耐阴，大树喜光，林下可见幼苗、幼树生长。3月中下旬萌芽长叶，7～9月开花，10～12月果熟，12月落叶。

价值 我国特有的单种属植物，对研究忍冬科系统发育有学术意义，先后被列为中国被子植物关键类群中的高度濒危种类和中国多样性保护行动计划中的优先保护物种。花色洁白，果形奇丽，是优良的庭园观赏树种。分布区狭小而星散，且因森林的过度砍伐，天然植株日趋减少，但宁波的资源尚较丰富。国家二级重点保护野生植物。

繁殖 播种或扦插繁殖。

国家重点保护野生植物

浙江省重点保护野生植物

其他珍稀植物

023 中华结缕草
Zoysia sinica Hance

禾本科
Gramineae

特征 多年生草本。具横走根状茎。秆直立，高 10～30cm。叶鞘无毛，鞘口具白色须毛；叶舌不明显或为一圈短纤毛；叶片条状披针形，长达 10cm，宽约 3mm，质硬，无毛，边缘常内卷。穗形总状花序长 2～5cm；小穗排列较稀疏，披针形，紫褐色，长 5～6mm，具 1.5～2mm 的短柄。颖果棕褐色，长椭圆形，长约 3mm。

分布 见于鄞州、奉化、宁海、象山，生于滨海沙滩或山坡岩缝中。产于杭州、舟山、温州；分布于中国大陆沿海各省区及安徽、台湾。日本、朝鲜也有。

特性 喜温暖湿润气候；喜光，稍耐阴，耐旱，耐盐碱，抗病虫害能力强，根系发达，耐瘠薄，耐践踏，也能耐一定的水湿。花果期 5～10 月。

价值 性强健，根系发达，耐修剪，耐践踏，再生能力和固土护坡能力很强，是优良的运动场地草坪植物，也是很好的园林、水利、交通等方面的水土保持和护坡材料；优良牧草。国家二级重点保护野生植物。

繁殖 播种或分生繁殖。

国家重点保护野生植物

浙江省重点保护野生植物

其他珍稀植物

第二节　浙江省重点保护野生植物

001　蛇足石杉　千层塔
Huperzia serrata (Thunb. ex Murray.) Trev.

特征　多年生土生植物。茎丛生，直立或斜升，高10～30cm，单一或数回二叉分枝，顶端有时有芽胞。叶小，螺旋状排列；叶片椭圆状披针形，先端尖，基部狭楔形，边缘有不规则尖锯齿，仅具明显中脉，有时有短柄。孢子叶与营养叶同大同形；孢子囊肾形，茎上下均有着生，淡黄色，腋生，横裂。

分布　见于余姚、北仑、鄞州、奉化、宁海、象山，生于海拔50～800m的阔叶林、针阔混交林或毛竹林下阴湿处。产于浙江省山区、半山区；分布于全国各地。亚洲、大洋洲和中美洲也有。

特性　性强健，对气候要求不严，但喜较阴湿的生境及酸性至中性的土壤。

价值　全草入药，具散瘀消肿、止血生肌、消炎解毒、麻醉镇痛等功效，近年发现其对治疗阿尔茨海默病（俗称老年痴呆症）具特效，需求量剧增。本种分布虽广，但自繁能力较弱，个体零星，植株矮小，生长缓慢，人工繁殖、栽培困难，而目前药用仅靠采集野生植株，故资源趋于枯竭。

繁殖　分株或孢子繁殖。

国家重点保护野生植物

浙江省重点保护野生植物

其他珍稀植物

002 松叶蕨 松叶兰
Psilotum nudum (Linn.) Beauv.

特征　有菌根共生的附生草本，高 20～50cm，常成丛。茎基部匍匐，以毛状构造的假根固定于岩缝中或树干上，上部直立或下垂，3～5 回二叉分枝，绿色，有棱。叶极小，散生，二型：营养叶钻形或鳞片状，无脉，全缘，先端尖；孢子叶卵圆形，先端 3 叉。孢子囊球形，2 瓣纵裂，常 3 个融合为蒴果状的聚囊，径约 4mm，黄褐色。

分布　见于宁海、象山，生于低海拔的峭壁岩缝中。产于台州、温州及缙云；分布于华东、华中、华南、西南。广布于热带、亚热带，日本、朝鲜也有。

特性　喜温暖湿润、雨量丰沛的气候和潮湿、半阴的环境；喜阴，也能耐一定的光照，耐旱性较强。

价值　古生代孑遗植物，是现存蕨类植物中最古老的物种之一。星散分布于热带、亚热带地区，宁波为其在我国的分布北缘，对研究古植物地理区系及蕨类植物的系统演化具有重要学术价值。全草入药，具祛风通络、消炎解毒、利水止血功效；形态优雅奇特，可栽培供室内观赏或作园林假山点缀。因生境恶化，资源趋于枯竭。

繁殖　分株或孢子繁殖。

003　圆柏
Sabina chinensis (Linn.) Ant.

特征　常绿乔木或灌木状。树皮纵裂成长条片剥落；小枝不排成一平面。叶二型：刺形叶通常 3 枚轮生，鳞形叶紧密交互对生。雌雄异株。球果圆球形，径 6～8mm，两年成熟，熟时暗褐色，不开裂，被白粉，有 1～4 粒种子。种子卵圆形，稍扁，坚硬，无翅。

分布　见于鄞州洞桥镇宣裴村、奉化天湖景区和象山花岙岛，生于悬崖峭壁上。产于临安、安吉、富阳、桐庐、磐安，各地普遍栽培；分布于华北、西北、华南及西南。日本、朝鲜、缅甸、俄罗斯也有。

特性　喜温凉气候；喜光，稍耐阴，耐旱，忌积水，耐寒，耐热，耐贫瘠，对土壤要求不严，但在中性、深厚且排水良好处生长最佳；深根性，侧根发达；生长速度中等；寿命极长；对多种有害气体有一定抗性。花期 11～12 月，球果翌年 10～11 月成熟。

价值　木材坚韧致密，有香气，耐腐力强，可供建筑、家具及细木工等用材；树根及枝叶可提取柏木油；枝叶可入药；耐修剪，易造型，为普遍栽培的庭园绿化树种。因人为挖掘，浙江省野生者均幸存于难以到达的悬崖峭壁上，现存植株十分稀少。野生植株在宁波为首次发现。

繁殖　播种、扦插、嫁接繁殖。

004　孩儿参 太子参
Pseudostellaria heterophylla (Miq.) Pax

石竹科
Caryophyllaceae

特征　多年生草本，高 15～20cm。块根长纺锤形。茎直立，单生，被 2 列短毛。茎下部叶常 1～2 对，倒披针形，顶端钝尖，基部渐狭，呈长柄状；上部叶 2～3 对，宽卵形或菱状卵形，顶端渐尖，基部渐狭。花二型：正常花 1～3 朵生于茎上部，花梗长 1～2cm 或更长，花瓣 5 枚，白色，先端 2 浅裂，雄蕊 10 枚，花柱 3 枚；闭锁花生于茎下部，具短梗。蒴果宽卵形，含少数褐色种子。

分布　见于余姚、北仑、鄞州、奉化、宁海、象山，生于海拔 900m 以下的阴湿山坡林下及石隙中。产于杭州、台州、金华；分布于东北、华北、西北、华中及四川。日本、朝鲜也有。

特性　喜温凉湿润的环境；耐寒，畏高温，30℃以上生长发育停止；惧强光曝晒，在阴湿的条件下生长良好；喜肥沃疏松、腐殖质丰富的砂质壤土。花期 4～7 月，果期 7～8 月。

价值　重要中药材。块根供药用，有健脾、补气、益血、生津等功效，为滋补强壮剂。因被大量采挖，资源渐少。

繁殖　播种繁殖，种子成熟期不一致，蒴果开裂后种子自然散落，需注意及时采收；也可组培繁殖。

005　芡实　鸡头米
Euryale ferox Salisb.

特征　一年生水生大型草本。地下茎短，有白色须根。叶二型：初生叶较小，箭形或圆肾形，沉水；次生叶浮水，圆形或盾状心形，径可达130cm，正面深绿色，凹凸不平，背面紫红色，叶脉明显隆起，两面有硬刺；叶柄与花梗长而粗壮（芡梗），密生硬刺，中有大小不等的藕状孔道。花单生，紫红色，花萼外面具刺。浆果近球形，密生硬刺。种子多数，球形，黑色。

分布　零星见于余姚、鄞州、奉化、宁海、象山等地，生于池塘、湖泊中。产于浙江省各地；分布于我国南北各地。东南亚、朝鲜半岛及印度、日本、俄罗斯远东地区也有。

特性　对气候要求不严；喜具较厚淤泥层底土的静水水体；要求水质无污染，沙质或石质底土不宜，不喜酸性水质。种子千粒重约220g。3月下旬至4月初发叶，7～8月开花，9～11月果熟，11月叶枯萎。

价值　种子富含淀粉，供药用，具健脾止泻、益肾固精、除湿止带等功效，为滋养强壮药，在我国自古即被视为增强青春活力、防止未老先衰之良物；淀粉供烹饪（勾芡）或酿酒；芡梗可作菜。

繁殖　播种繁殖。

006 毛叶铁线莲
Clematis lanuginosa Lindl.

特征　落叶攀援木质藤本。单叶对生，偶有三出复叶；叶片卵状披针形或心形，全缘，两面密被毛。花单生枝顶，花梗直立，花大，径 7～15cm；萼片花瓣状，5～6枚，淡紫红色，先端具小尖头；雄蕊多数，花药紫红色。瘦果多数，扁平，宿存花柱纤细，密被长柔毛，卷曲呈绒球状。

分布　见于除江北外的宁波市各地山区、丘陵，生于海拔700m以下的山坡、沟谷、溪边疏林或灌丛中。产于天台。

特性　要求温暖湿润、雨量丰富的气候；喜酸性至中性、疏松肥沃、排水良好的砂质土壤；喜光，稍耐阴，耐寒性较强。3月上旬抽叶，6～7月开花，8～10月果熟，11月落叶。

价值　浙江特产种，宁波为主产区和模式标本产地。花朵硕大，花色艳丽，极富观赏价值，适作小型花架、岩面美化，也可作盆栽及切花；是一些栽培铁线莲的育种亲本。

繁殖　播种、扦插、压条或组培繁殖。

国家重点保护野生植物

浙江省重点保护野生植物

其他珍稀植物

007　六角莲
Dysosma pleiantha (Hance) Woodson

特征　多年生草本，高 10 ～ 30cm。根状茎粗壮，呈结节状。叶常 2 枚对生；叶片大，盾状着生，近圆形，5 ～ 9 微裂，边缘具针状细齿，两面无毛，主脉辐射状。花 5 ～ 8 朵聚生于叶片两叶柄交叉处，下垂；萼片 6 枚，淡绿色，早落；花瓣 6 枚，深紫色。浆果近球形，熟时紫黑色。

分布　见于除镇海、江北外的各地山区，生于海拔 300 ～ 700m 的山坡、沟谷林下湿润处或阴湿溪谷草丛中。产于浙江省各山区；分布于华东、华中、华南及四川。

特性　要求温暖湿润、雨量丰沛的气候和空气温度较大的环境；喜疏松肥沃、排水良好、富含有机质、pH4.5 ～ 7.0 的黄壤、红壤或石灰性土；喜阴，不耐强光，不耐旱。3 月上旬抽叶，3 月下旬至 5 月上旬开花，8 ～ 10 月果熟，11 月叶片枯萎，进入休眠期。

价值　我国特产种。根状茎供药用，有散瘀解毒功效；形态奇特，花色艳丽，可作盆栽观赏或阴湿林下地被。因人为采挖，资源日渐减少。

繁殖　播种、分株或组培繁殖。

附注　本种与八角莲的主要区别为：植株较矮小，叶裂片极浅，常为 2 枚对生，花生于两叶柄交叉处。

国家重点保护野生植物

浙江省重点保护野生植物

其他珍稀植物

008 八角莲
Dysosma versipellis (Hance) M. Cheng ex Ying

小檗科
Berberidaceae

特征　多年生草本，高 20～50cm。根状茎粗壮，呈结节状。茎生叶通常 1 枚，有时 2 枚；叶片大，盾状着生，近圆形，4～9 浅裂，边缘具针状细齿，两面无毛，主脉辐射状。花 5～10 余朵聚生于叶片下方或两叶柄交叉处之上方，下垂；萼片 6 枚，淡绿色，早落；花瓣 6 枚，深紫色。浆果近球形，熟时紫黑色。

分布　仅见于慈溪，生于海拔 200m 的山坡沟谷林下湿润处。产于安吉、开化、泰顺等地；分布于华东、华中、华南、西南及陕西。

特性　要求温暖湿润、雨量丰沛的气候和空气温度较大的环境；喜疏松肥沃、排水良好、富含有机质、pH4.5～7.0 的黄壤或红壤；喜阴，不耐强光；不耐旱。3 月上旬抽叶，4～5 月开花，8～10 月果熟，11 月叶片枯萎，进入休眠期。

价值　根状茎供药用，有散瘀解毒功效；形态奇特，花色艳丽，可作盆栽观赏或阴湿林下地被。因人为采挖，资源日渐减少。本种远比六角莲稀少。

繁殖　播种、分株或组培繁殖。

009 箭叶淫羊藿 三枝九叶草
Epimedium sagittatum (Sieb. et Zucc.) Maxim.

特征 多年生常绿草本，高 25～50cm。根状茎粗短结节状；地上茎直立，无毛。茎生叶 1～3 枚，三出复叶；顶生小叶片卵状披针形，先端急尖至渐尖，基部心形，边缘具刺毛状齿，仅背面疏被毛；侧生小叶基部两侧不对称。圆锥花序顶生，多花，花小；萼片白色；花瓣棕黄色，距囊状。蓇葖果长约 1cm，顶端具喙。

分布 见于余姚、北仑、鄞州、奉化、宁海，生于海拔 200～700m 的山坡林下或灌丛中。产于浙江各地山区；分布于华东、华中、华南、西北及四川。

特性 要求温暖湿润的气候及阴凉的生境；喜疏松透气、排水良好的酸性或石灰性土壤；耐阴，也能适应中度光照；喜空气湿度大，忌土壤板结积水。2 月中、下旬抽生新叶，3～4 月开花，5～7 月果熟。

价值 全草入药，干燥的根状茎名"仙灵脾"，干燥的地上部分名"淫羊藿"，主治肾虚阳痿、腰膝无力、四肢麻木等症；形态奇特而优美，可供观赏。因人为采挖，资源渐趋枯竭。

繁殖 播种繁殖。

010 天目木兰
Magnolia amoena Cheng

特征 落叶乔木，高达 10m。小枝绿色，具环状托叶痕。叶互生；叶片倒披针形或倒披针状椭圆形，全缘，先端渐尖或急尖呈尾状，基部楔形。花先叶开放，单生枝顶，淡紫色，径约 6cm；花被片 9 枚，倒披针形或匙形。聚合果常扭曲。种子红色。

分布 见于除镇海、江北以外的各地山区，生于海拔 150～700m 的山坡、谷地阔叶林中。产于湖州、杭州、绍兴、温州、丽水等地；分布于华东各省区。

特性 要求温暖湿润的气候和雨量充沛、湿度较大的环境；林地土壤肥沃、湿润、疏松、深厚，多为山地黄壤，也可生于石灰岩山地，pH4.5～7.0；幼树稍耐阴，大树喜光。3～4 月开花，花后长叶，9～10 月果熟，11～12 月落叶。

价值 天目木兰为我国东部中亚热带特有种，对研究木兰科植物的分类和区系有学术意义。花大艳丽，树姿优美，为优良的观赏树种；花蕾供药用，具润肺止咳、利尿、解毒之功效。该种分布区狭窄、星散，因人为采挖，野生资源日趋减少。

繁殖 种子繁殖，果熟时及时采收，晾干后取出种子，用细沙搓揉去净肉质外种皮，湿沙层积贮藏，翌年 3 月播种；也可扦插、嫁接繁殖。

011 延胡索 元胡

Corydalis yanhusuo (Y. H. Chou et C. C. Hsu) W. T. Wang ex Z. Y. Su et C. Y. Wu

罂粟科 Papaveraceae

特征　多年生草本。块茎不规则，呈扁球形，顶端略下凹，径 0.5～2.5cm。地上茎纤细，近基部有 1 枚鳞片。无基生叶，茎生叶 2～4 枚，具长柄；叶片宽三角形，二回三出全裂，裂片披针形或狭卵形，全缘或先端有大小不等的缺刻。总状花序顶生，具花 5～10 朵；上部苞片全缘或有少数牙齿，下部的常 2～3 裂；萼片 2 枚，极小，3 裂，早落；花紫红色，距圆筒形。蒴果条形，具种子 1～3 粒。种子卵球形，亮黑色。

分布　见于鄞州、奉化，生于海拔 200～300m 的山沟林下。产于浙江省北部、西北部及中部；分布于江苏、安徽、河南、湖北、湖南，各地常有栽培。

特性　要求温暖湿润的气候及阴凉的生境；喜疏松透气、排水良好的沙质壤土；耐阴，也能适应中度光照；喜空气湿度大，忌积水。2 月中、下旬萌芽抽叶，3～4 月开花，4～5 月果熟。

价值　我国特产植物。块茎入药称"元胡"，为著名传统中药，具行气止痛、活血散瘀功效；形态优美，花朵艳丽，可供观赏。因人为采挖，资源渐趋枯竭。

繁殖　播种、组培繁殖。

012 圆叶小石积
Osteomeles subrotunda K. Koch

特征　常绿匍匐灌木。幼枝密被灰白色长柔毛，后渐脱落。奇数羽状复叶互生，长 2～5cm；小叶片 5～9 对，革质，对生或近对生，密集重叠或稍疏离，长圆形或倒卵形，先端圆或微凹，基部近圆形，全缘，叶缘反卷，正面有光泽，散生长柔毛，中脉下陷，背面密被灰白色丝状长柔毛；小叶柄极短或近无。顶生伞房花序，具花 3～7 朵；花白色，径约 1cm。梨果近球形，径 4～6mm，熟时紫红色转紫黑色，萼片宿存。

分布　仅见于象山渔山列岛，多生于海岸悬崖峭壁上，偶见于山坡草丛中。产于临海。日本琉球群岛、小笠原群岛也有。

特性　喜海洋性气候；性强健，多生长于近无土壤的海岸岩隙中；喜光，极耐干旱和瘠薄，抗海风，稍耐盐。花期 5 月，果期 9～11 月。

价值　中国与日本间断分布种。枝叶密集，花果优美，为优良的观赏植物。宁波仅产于象山渔山列岛，数量稀少，仅见 20 余丛，因其生境特殊，一旦遭到破坏，很难恢复，亟待保护。

繁殖　扦插、播种或组培繁殖。

附注　象山与临海所产的居群植株均匍匐生长，小枝较粗壮；小叶密集，先端圆或微凹；每花序仅具花 3～7 朵；花瓣椭圆形。与日本产的一致，而与《中国植物志》所载广东产的明显不同，疑非同种。

国家重点保护野生植物

浙江省重点保护野生植物

其他珍稀植物

013　鸡麻
Rhodotypos scandens (Thunb.) Makino

特征　落叶灌木，高 1～2m。单叶对生；叶片卵形，先端渐尖，基部圆形至微心形，缘有尖锐重锯齿，正面叶脉明显下陷；叶柄极短。花单生于新枝顶端，径 3～5cm；副萼 4 枚，狭披针形；萼片 4 枚，叶状；花瓣 4 枚，白色。核果 1～4 枚，熟时亮黑色，斜椭圆形，长约 8mm，光滑。

分布　仅见于鄞州杖锡，生于海拔 600m 左右的沟谷阔叶林中。产于安吉、临安、天台；分布于辽宁、山东、江苏、安徽、湖北、河南、陕西、甘肃等省区。日本、朝鲜也有。

特性　要求温暖凉润的气候和雨量充沛、湿度较大的环境；要求土壤湿润疏松、深厚肥沃，为山地黄壤或黄棕壤，pH5.5～6；中性树种，喜侧方遮阴，耐寒，怕涝，耐修剪，萌蘖力强。3 月发叶，4 月下旬至 5 月上旬开花，8～10 月果熟，可悬挂于树上至翌年 5 月，11 月落叶。

价值　东亚特有的残遗单属种植物；叶对生，花部 4 数，是蔷薇科中较为特殊的类群，对研究该科的系统演化有学术意义。根及果实供药用，可治血虚肾亏；枝叶清秀，花大洁白，可供栽培观赏。本种分布虽广，但星散，对生境要求较严格，野生资源日趋减少，且宁波的资源极为稀少，需加强保护。

繁殖　播种、扦插、分株繁殖。

014　龙须藤

Bauhinia championii (Benth.) Benth.

豆科
Leguminosae

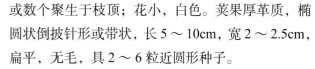

特征　常绿藤本。具不分枝卷须；小枝、叶背、花序均被锈色短柔毛；老枝有明显棕红色小皮孔。单叶互生；叶片卵形、长卵形或卵状椭圆形，先端具深或浅的2裂，稀不裂，裂片先端渐尖，基部心形至圆形，掌状脉5～7条。总状花序1个与叶对生，或数个聚生于枝顶；花小，白色。荚果厚革质，椭圆状倒披针形或带状，长5～10cm，宽2～2.5cm，扁平，无毛，具2～6粒近圆形种子。

分布　仅见于象山南部岛屿，生于海岸山坡岩缝或灌丛中。产于浙江东部沿海地区和中部以南各地；分布于华东、华中、华南、西南。印度、越南和印度尼西亚也有。

特性　要求温暖湿润、雨量丰沛的气候；喜光，耐半阴，适应性强，耐干旱瘠薄；根系发达，穿透力强，常生于岩石、石缝及崖壁上。花期6～9月，果期8～12月。

价值　宁波是该种在中国大陆的分布北缘。根和老藤入药，有活血散瘀、祛风活络、镇静止痛之效；叶形奇特，终年翠绿，可供园林垂直绿化或作盆景。因常被挖掘作药，资源渐趋枯竭。

繁殖　扦插、播种、压条繁殖。

015 　**海滨香豌豆** 海滨山黧豆
Lathyrus japonicus Willd.

豆科
Leguminosae

特征　多年生草本。茎具棱，基部稍匍匐，分枝曲折上升。一回羽状复叶互生，叶轴顶端具分枝卷须；小叶 6 ～ 12 枚，宽椭圆形或长椭圆形，先端钝，具小尖头，基部楔形或宽楔形；托叶发达。总状花序具花 2 ～ 5 朵；花冠蝶形，旗瓣紫色，具深色脉纹，翼瓣与龙骨瓣淡紫色。荚果顶端具尖喙。

分布　见于北仑、鄞州、宁海、象山，生于大陆海岸及海岛的滨海沙滩潮上带。产于舟山、台州、温州等沿海地区；分布于江苏至辽宁沿海。亚洲、欧洲及美洲温带地区海岸广布。

特性　喜温暖湿润、雨量丰富、温差较小的海洋性气候；喜光，耐旱，耐盐，喜沙质土；自繁能力较强，常形成小群落。3 月上旬萌芽长叶，4 ～ 6 月开花，7 ～ 8 月果熟，11 月地上部分枯萎。

价值　种子可食用；嫩茎叶可作菜或饲料；花繁色艳，非常美丽，可供观赏，是沙滩美化的极好材料，也可作地被或盆栽。本种通常生于滨海沙滩，近年因开发旅游及挖沙等生产活动，资源趋于枯竭。

繁殖　播种、扦插繁殖。

国家重点保护野生植物

浙江省重点保护野生植物

其他珍稀植物

016　山绿豆 贼小豆
Vigna minima (Roxb.) Ohwi et H. Ohashi

豆科
Leguminosae

特征　一年生缠绕草本。茎柔弱细长。三小叶复叶互生；托叶盾生；小叶片卵形至条形，形状变化极大，先端急尖或稍钝，基部圆形或宽楔形。总状花序腋生，总花梗较叶柄长；花冠蝶形，黄色，龙骨瓣先端卷曲。荚果圆柱形，长 3 ～ 6cm，无毛，有10 余粒红褐色种子。

分布　见于宁波全市各地，生于低海拔的山坡或溪边草丛中。产于浙江省各地；广布于我国多数省区。日本、菲律宾、印度也有。

特性　性强健，能适应各种气候及环境；喜光，耐旱，耐寒，不择土壤；自繁能力强。3 月初发芽，8 ～ 10 月开花，10 ～ 11 月果熟，果后全株枯死。

价值　抗逆性强，可作赤豆和绿豆的育种材料；叶可作饲料。

繁殖　播种繁殖。

017 野豇豆
Vigna vexillata (Linn.) A. Rich.

豆科
Leguminosae

特征　多年生缠绕草质藤本。根纺锤形，肉质；茎被开展的棕色刚毛，后渐脱落。三小叶复叶互生；小叶膜质，形状变化较大，卵形至披针形，先端急尖或渐尖，基部圆形或楔形，通常全缘，有时浅3裂，两面被毛。花序腋生，具花2～4朵；花冠蝶形，紫色或淡紫色，龙骨瓣扭曲。荚果细圆柱形，长4～14cm，具种子10～18粒。

分布　见于宁波全市各地，生于低海拔的山坡林缘或旷野荒草地中。产于浙江省各地；分布于华东、华中、西南及陕西。全球热带、亚热带广布。

特性　适应性广，对气候、土壤条件要求不严；耐旱，稍不耐寒；自繁能力较强。花期7～9月，果期10～11月。

价值　抗逆性强，是栽培豇豆的优良育种材料；叶可作饲料；根入药，具补中益气、清热解毒功效。

繁殖　播种、扦插繁殖。

国家重点保护野生植物

浙江省重点保护野生植物

其他珍稀植物

018 全缘冬青
Ilex integra Thunb.

特征 常绿乔木，高达9m。小枝圆柱形。单叶互生；叶片厚革质，倒卵形或椭圆形，先端圆钝或具突尖，全缘。雌雄异株；花序簇生叶腋，雄花序聚伞状或伞形状，雌花簇生或单生；花小，绿白色。核果球形，熟时红色，径1～1.3cm；分核4枚。

分布 仅见于象山，生于海岛或大陆面海山坡海拔150m以下的疏林或灌丛中。产于舟山、台州及温州（洞头）；分布于福建、台湾。日本、朝鲜也有。

特性 喜冬暖夏凉、风大雾多、光照充足、雨量丰沛的亚热带季风型海洋性气候；生境土壤pH5.0～5.5，土层浅薄；喜光，根系发达，抗风性强，耐干旱瘠薄，萌芽性强。花期3～4月，果期9～11月。分核千粒重31～39g。

价值 全缘冬青系我国东南沿海与日本共有种，对研究我国和日本植物区系的关系有学术意义。树干通直，木材结构致密，刨面光滑，为建筑、家具、细木工等的优质用材；树姿优美，枝繁叶茂，红果艳丽，是滨海绿化的优良树种，也可供园林应用。其分布区狭窄，个体星散，现存植株数量少，天然更新能力差，亟待保护。

繁殖 播种或扦插繁殖；种子有休眠特性。

国家重点保护野生植物

浙江省重点保护野生植物

其他珍稀植物

019 天目槭
Acer sinopurpurascens Cheng

特征　落叶乔木，高达 10m。单叶对生；叶片近圆形，基部心形或近心形，3～5 裂，具疏锯齿或全缘。总状花序或伞房式总状花序侧生于去年生小枝上；雌雄异株；花叶同放，花小，紫红色；雄蕊 8 枚，花药黄色，在雌花中不发育；子房在雄花中不发育。双翅果具隆脊，两翅张开成锐角至近直角。

分布　见于奉化、宁海，生于海拔 600～700m 的山坡、沟谷阔叶林中。产于临安、淳安、磐安、天台、临海、缙云、泰顺等地；分布于安徽、江西和湖北。

特性　要求温凉、湿度大、雾日多的环境；喜生于深厚肥沃、疏松透气、排水良好的山地黄壤或黄棕壤中，pH4.5～6.0；幼树耐阴，大树喜光。3 月下旬至 4 月上旬发芽抽叶并开花，10 月果熟，10 月下旬至 11 月叶片变紫红色，12 月落叶。

价值　我国特产的稀有树种，分布区狭窄，星散生长，资源稀少。花朵色彩鲜艳，叶片入秋经霜后由叶缘向内渐变红色，十分美丽，为优良秋色叶树种，可供园林应用；木材可用于建筑、家具；根入药可疗伤。

繁殖　播种、扦插、嫁接繁殖。

020 小勾儿茶
Berchemiella wilsonii (Schneid.) Nakai

鼠李科
Rhamnaceae

特征　落叶小乔木，高6～12m。树皮深纵裂。单叶，常两两互生，排成二列；叶片椭圆形或椭圆状披针形，基部圆形或宽楔形，全缘或微波状，背面灰白色，两面无毛；叶柄短，无毛。花序顶生兼腋生；花小，黄绿色。核果长圆形，熟时由绿转黄、橙黄、橙红、红、紫红色，最后变紫黑色。

分布　仅见于余姚四明山，生于海拔700m左右的山坡、沟谷阔叶林中。产于临安、嵊州；分布于湖北。

特性　喜温暖湿润、四季分明的亚热带气候；土壤为山地黄棕壤，土层深厚肥沃、排水良好，pH5～6；喜光，幼树耐阴。3月发芽长叶，5～6月开花，7～8月果熟，11月下旬开始落叶。

价值　小勾儿茶属为中国与日本间断分布属，该属花的构造既与猫乳属 *Rhamnella* Miq. 有相同的特征，又与勾儿茶属 *Berchemia* Neck. 具相似的结构，在研究鼠李科枣族中某些属间的亲缘关系及中国与日本植物区系的关系方面有科学价值。小勾儿茶为我国特有种，仅跳跃式分布于湖北、安徽、浙江三省局部地带，其分布区域十分狭窄，数量稀少，极度濒危。材质优良；形态清雅而优美，果实多色而艳丽，为优良观赏树种。

繁殖　播种或扦插繁殖。

021　三叶青 三叶崖爬藤 金线吊葫芦
Tetrastigma hemsleyanum Diels et Gilg

特征　多年生常绿草质藤本。块根卵形或椭圆形。茎纤细无毛，下部节上生根；卷须不分枝，与叶对生。三小叶复叶互生；中间小叶片稍大，近卵形或披针形，先端渐尖，边缘疏生小锯齿，侧生小叶片基部偏斜。聚伞花序生于当年新枝上；花小，黄绿色。浆果球形，径约 6mm，熟时鲜红色。

分布　见于除镇海、江北外的各地山区，生于海拔800m 以下的山坡或沟谷、溪涧两旁林下阴湿处。产于浙江省各地山区；分布于华东、华中、华南、西南。印度也有。

特性　要求温暖多雨的气候和湿度较大的生境；喜阴，不耐强光；喜湿润、疏松、肥沃的酸性至中性砂质壤土；较耐寒。花期 5～6 月，果期 9～12 月。

价值　块根供药用，治小儿高热惊厥、毒蛇咬伤、淋巴结结核、外伤出血等症，并有抗癌、提高人体免疫力等功效；藤蔓纤秀，叶片常绿，果实红艳，可供盆栽观赏。块根生长较慢，因其具有较高的药用价值，近年被大量采挖，资源锐减。

繁殖　播种、埋茎、扦插、组培繁殖。

国家重点保护野生植物

浙江省重点保护野生植物

其他珍稀植物

022 海滨木槿
Hibiscus hamabo Sieb. et Zucc.

特征　落叶灌木，高 1～3m，全株有毛。单叶互生；叶片近圆形，先端具突尖，基部多为心形，边缘中上部具细圆齿，背面灰绿色。花单生于枝端叶腋；花萼5裂，副萼小，8～10裂；花冠金黄色，径5～6cm，花瓣5枚，花心暗紫色。蒴果三角状卵形。

分布　见于北仑、奉化、象山，生于海湾边乱石堆中或海塘堤坝上；资料记载北仑也有分布，但本次调查未见，极有可能在区域围涂造地开发中已遭毁灭。产于定海；分布于福建北部沿海。日本、韩国也有。各地园林中及沿海地区多有栽培。

特性　极耐盐碱，生于滨海涂泥地或海塘边，涨潮时可被海水淹没1m而安然无恙；土壤为盐渍土，pH7.2～7.5，含盐量0.15%～0.62%，也能在其他土壤上正常生长；喜光，萌蘖性强；主根不明显，侧根发达，树冠宽大，枝叶浓密，抗风性强。6～8月开花，8～9月果熟。种子千粒重约16g。

价值　为中国、日本、朝鲜共有种，对研究三地植物区系有一定学术价值。良好的沿海防护林树种，能固沙、保土、固堤、防风及防潮水冲刷；夏季开花，花色金黄，鲜艳美丽，花期长而繁茂，秋季部分叶变紫红色，是滨海及城市绿地美化的高级花木；耐修剪，易造型，可制作观花盆景；也是优良的纤维植物。

繁殖　播种、分株、压条或扦插繁殖。

国家重点保护野生植物

浙江省重点保护野生植物

其他珍稀植物

023 红山茶 山茶花
Camellia japonica Linn.

山茶科
Theaceae

特征　常绿小乔木或灌木状，高可达 8m。小枝红褐色，无毛。单叶互生；叶片椭圆形至卵状长椭圆形，先端急尖至渐尖，基部楔形至宽楔形，边缘具细锯齿，正面深绿色，背面较淡，全面散生淡褐色木栓疣，两面无毛；叶柄长 8～15mm，无毛。花单朵或成对着生于小枝顶端，红色，漏斗形，径 5～6cm；雄蕊多数，花丝白色，花药黄色。蒴果球形，径 3～4cm，具 2～3 粒大型种子。

分布　见于北仑、宁海、象山，生于海岛或大陆沿海海拔 400m 以下的山沟、山坡阔叶林中。产于舟山及台州的临海、玉环；分布于山东、台湾。日本、朝鲜也有。国内外广泛栽培。

特性　喜温暖湿润、雾日较多的海洋性气候和半阴、湿度较大的环境；忌强光直射；喜土层深厚、疏松肥沃、排水良好的酸性土，pH5～6；深根性，主根发达，萌芽性和抗风力较强。花期 3～4 月，果期 9～10 月。

价值　间断分布于我国东部沿海、台湾省及日本、朝鲜，其分布格局对研究 4 地植物区系具学术意义。我国传统名花，栽培历史悠久，花色品种繁多，且多为重瓣，野生红山茶不仅本身具有较高观赏价值，还是栽培山茶花育种的优良材料。野生资源因被大量挖掘用于嫁接名贵品种，已日渐稀少。

繁殖　播种、扦插或嫁接繁殖。

国家重点保护野生植物

浙江省重点保护野生植物

其他珍稀植物

024 杨桐 红淡比
Cleyera japonica Thunb.

特征 常绿乔木或灌木，高可达 9m。全株除花外均无毛。顶芽细长尖锐而微弯。单叶互生；叶片革质，通常椭圆形或倒卵形，先端急钝尖至短渐尖，基部楔形，全缘，正面光亮，背面侧脉不明显。花小，白色，1～3 朵腋生。浆果球形，黑色，径 7～9mm。种子多数。

分布 见于宁波全市山区丘陵，生于海拔 700m 以下的山坡或沟谷林下。产于浙江省各地山区及半山区；分布于长江以南大多数省区及台湾。日本、朝鲜、缅甸、印度也有。

特性 喜温暖湿润、雨量丰富的气候及半阴、空气湿度较大的环境；适于土层较厚、疏松肥沃、排水良好的酸性土壤。花期 6～7 月，果期 9～10 月。

价值 杨桐在日本称为"榊木"，是日本人传统的供神祭祖必用之物，我国已大量开发出口日本，市场需求量大且稳定，近年国内已进行栽培采收。树形优美，终年常绿，可作园林绿化之用。

繁殖 播种或扦插繁殖。

025　枔木
Eurya japonica Thunb.

特征　常绿灌木。嫩枝有棱，无毛，顶芽细尖，无毛。单叶互生；叶片革质至厚革质，倒卵形或倒卵状长椭圆形，先端急尖而钝头，有微凹，基部楔形，边缘常具粗钝锯齿，两面无毛；叶柄长 2 ～ 3mm。雌雄异株；花小，1 ～ 3 朵腋生，白色或带紫色。浆果球形，径 3 ～ 4mm，熟时紫黑色。

分布　见于除余姚、江北外的宁波全市滨海山地及海岛，生于海拔 200m 以下的山坡灌丛中。产于舟山、台州、温州；分布于台湾。日本、朝鲜也有。

特性　喜温暖湿润的海洋性气候，仅分布于海岛或大陆滨海山地；耐半阴，较耐盐，抗风，耐瘠，耐旱能力较强，喜酸性土壤。花期 2 ～ 4 月，果期 9 ～ 11 月。

价值　与杨桐一样，也是日本人传统的供神祭祖必用品，可在保护资源的前提下，合理开发供出口；花期正值缺花季节，枝叶茂密，可供园林绿化；又是优良的蜜源植物；枝、叶可作药用，有清热消肿功效；枝叶灰汁可作染媒剂；果实可作染料。

繁殖　播种或扦插繁殖。

国家重点保护野生植物

浙江省重点保护野生植物

其他珍稀植物

026 尖萼紫茎
Stewartia acutisepala P. L. Chiu et G. R. Zhong

特征　落叶乔木，高达 12m。树皮膜质剥落，光滑，多呈红褐色。冬芽压扁状，芽鳞 5 ～ 7 枚。单叶互生；叶片卵形、卵状椭圆形，先端渐尖至长渐尖，边缘具锯齿或浅圆锯齿。花单生叶腋；花蕾粉红色，开放后变白色，径 2.5 ～ 3cm，花瓣 5 枚，倒卵形或近圆形。蒴果卵状圆锥形，全面被毛。

分布　见于余姚、鄞州、奉化、宁海，通常散生于海拔 400 ～ 700m 的山坡、谷地及溪流两岸的杂木林中。产于台州、金华、衢州、丽水、温州等地。

特性　喜凉爽、湿润、多雾的环境；立地土壤为土层深厚、疏松肥沃、排水良好的山地红黄壤、黄壤或黄棕壤，pH5.5 ～ 6；深根性，根系发达，萌芽性强；耐寒，喜光，但幼树较耐阴。3 月上旬芽萌动，4 月上旬展叶，5 月开花，9 ～ 10 月果熟，11 月下旬落叶。

价值　为浙江特有的古老残遗树种。紫茎属是东亚和北美间断分布属，在研究植物区系及古植物地理方面有科学意义。树干通直，树皮红褐色，光滑醒目，花白色而繁茂，是极好的观赏树种，可作园景树、行道树等。

繁殖　播种、扦插繁殖。

027　秋海棠
Begonia grandis Dry.

秋海棠科
Begoniaceae

特征　多年生草本，高0.4～1m。具近球形块茎；茎直立，粗壮，多分枝。单叶互生；叶片斜卵形，掌状脉7～9条，基部偏心形，边缘具细尖齿，叶柄、叶背面或叶脉呈紫红色，叶腋常生珠芽。聚伞花序生于上部叶腋；花淡紫红色，径约3cm；雄蕊柱长3mm，花药黄色。蒴果具3翅。

分布　见于北仑、鄞州、奉化，生于海拔200～400m的沟谷阴湿岩石上。零星产于浙江省各地山区；分布于长江以南各地及山东、河北。东南亚及日本、印度也有。

特性　较耐寒，生长适温10～30℃，温度太高易引起叶片灼伤、焦枯；喜空气湿度较大、土壤湿润的环境，不耐干燥，忌积水。花期7～9月，果期9～11月。

价值　叶色柔美，花色艳丽，可作花境、林下地被、岩面及湿地美化，也可供盆栽观赏；全草入药，具活血散瘀、止血止痛、解毒消肿功效。

繁殖　播种、分株、枝插、叶插、珠芽繁殖。

028　华顶杜鹃
Rhododendron huadingense B. Y. Ding et Y. Y. Fang

特征　落叶灌木,高1～4m。树皮深纵裂。单叶互生,常4～5枚轮状集生于枝顶;叶片椭圆形或卵状椭圆形,先端急尖,基部楔形至近圆形,边缘具短睫毛。花2～4朵簇生于枝顶;花冠漏斗状,长4.5～5cm,淡紫色或紫红色,5裂,上方3裂片基部有深红色斑点。蒴果卵球形,光滑。种子较大。

分布　见于余姚、奉化,生于海拔700～800m的山坡林中。产于天台、磐安、金华婺城。

特性　喜温暖湿润的气候和坡地酸性黄壤;耐寒,畏炎热,耐旱,喜光,在疏林下也能生长良好;根萌性较强;引种至低海拔地区夏季不易成活。花期4～5月,果期8～10月。

价值　为浙江特产种。因其树皮形态、芽和花序的类型、果实形状、种子大小等在杜鹃花属落叶种类中颇为特殊,在系统发育研究上有重要价值。花大繁艳,先叶开放,是极有开发价值的观赏植物。

繁殖　播种、枝插、根插、嫁接或分株繁殖。

国家重点保护野生植物

浙江省重点保护野生植物

其他珍稀植物

029 董叶紫金牛 锦花紫金牛
Ardisia violacea (Suzuki) W. Z. Fang et K. Yao

特征　常绿矮小亚灌木。茎被微柔毛，下部匍匐。叶集生略呈莲座状；叶片狭卵状椭圆形或狭长卵形，边缘具不规则波状浅圆齿，具深色脉纹；叶柄短，被微柔毛。伞形花序单生于叶腋或茎顶；花冠白色。核果球形，径 4～5mm，鲜红色。

分布　见于宁海、象山，生于海拔 200～300m 的毛竹林或阔叶林下。产于杭州（西湖区、建德市、淳安县）、丽水（缙云县）及舟山（定海区）；分布于台湾北部地区。

特性　喜温暖湿润气候；土壤为山地红壤，土层厚度 20～40cm，通透性较好，pH5.5～6.5；耐阴，喜湿，稍耐旱。5 月中旬至 7 月下旬开花，10～12 月果熟，果可延至翌年 3 月中旬不落。

价值　董叶紫金牛为我国特有种，分布区域狭窄而星散，资源稀少，间断分布于浙江和台湾两省，对研究两地的植物区系及紫金牛属的起源与演化有一定学术价值。植株小巧优雅，红果艳丽经久，具有较高的观赏价值，是优良的盆栽观赏植物。

繁殖　播种、扦插或组培繁殖。

030 日本女贞
Ligustrum japonicum Thunb.

特征 常绿小乔木或灌木，高 3 ～ 5m。单叶对生；叶片厚革质，椭圆形或宽卵状椭圆形，先端急尖或渐尖，基部宽楔形至圆形，全缘，正面深绿色，光亮，背面黄绿色，具不明显腺点，两面无毛。圆锥花序顶生，无毛；花小，白色，花冠 4 裂；雄蕊 2 枚。核果长圆形，直立，紫黑色，外被白粉。

分布 仅见于象山韭山列岛，生于低海拔的山坡、山沟阔叶林中或灌丛中。产于舟山。日本、韩国也有。

特性 要求温暖湿润、雨量丰富、温差较小的海洋性气候；苗期喜阴，大树稍喜光；喜生于土层较厚、疏松透气、肥力较好的酸性至中性沙质壤土中；具一定的耐盐性，较耐寒。花期 6 月，果期 11 ～ 12 月。

价值 是中国与日本、韩国间断分布种，我国仅分布于浙江，对研究三地植物区系关系有学术价值。重要的园林观赏树；种子为强壮剂；叶捣烂可敷治肿毒。

繁殖 播种、扦插繁殖。

031　曲轴黑三棱
Sparganium fallax Graebn.

特征　多年生挺水草本。具细长横走的根状茎，直立茎高 50 ~ 70cm。叶在茎上两列着生；叶片条状扁平，先端钝尖，基部鞘状抱茎，全缘，直出平行脉间有横小脉相连，中下部背面中脉隆起呈龙骨状。头状花序再排成穗状，长 20 ~ 40cm，花序总轴略呈 "S" 形弯曲；雄头状花序近白色，4 ~ 7 个整齐排列于花序总轴的上部；雌头状花序绿白色，3 ~ 5 个生于叶状苞腋内，位于花序总轴下部弯曲的凹陷处。果序球形。

分布　仅见于鄞州，生于低海拔的浅水山塘中。产于杭州、衢州、丽水、台州、温州；分布于福建、台湾、贵州。日本、缅甸、印度、印度尼西亚、新几内亚也有。

特性　性喜清洁、静止或缓流、底土淤泥较深厚的水体环境。3 月初萌芽抽叶，6 月开花，7 ~ 9 月果熟，11 月后地上部分枯萎。

价值　姿态清雅，可供水体美化。因水体环境被化学污染，野外已不多见。

繁殖　播种或分株繁殖。

国家重点保护野生植物

浙江省重点保护野生植物

其他珍稀植物

032 水车前 龙舌草 水白菜
Ottelia alismoides (Linn.) Pers.

特征　多年生沉水草本。全株无毛。茎极短。叶基生；叶片膜质，卵形、宽卵形、近圆形或卵状披针形，先端圆或钝尖，基部圆形、心形或楔形，全缘或具细锯齿，基出脉 7～9 条；叶柄长 3～20cm，扁平，具狭翅。花两性，单生于绿色、椭圆形的佛焰苞内；外轮花被片绿色，内轮花被片白、淡粉或浅蓝色。果卵状长椭圆形，长 2.5～4cm，外具 3～6 条由佛焰苞形成的纵翅。种子多数，细小，长椭圆形。

分布　见于北仑、奉化、鄞州、宁海，生于低海拔的河流、田沟和池塘中。产于湖州、嘉兴、舟山、台州、丽水、温州等地；分布于全国各地。世界各地广布。

特性　性喜清洁、静止或缓流、底土淤泥深厚肥沃的水体环境；耐寒性较强；忌化学污染和水体富营养化。花果期 7～11 月。

价值　嫩叶可作菜食用；全株可作饲料；叶片捣烂可敷治痈疽、水火烫伤；叶片宽阔，具较强的净化水质作用；形态特殊，花朵优美，可供水体美化。因水体环境遭受严重的化学污染，野外已不多见。

繁殖　播种或分株繁殖。

国家重点保护野生植物

浙江省重点保护野生植物

其他珍稀植物

033　方竹
Chimonobambusa quadrangularis (Fenzi) Makino

特征　常绿灌木。地下茎复轴型；秆高 4～6m，径 2～4cm，秆略呈方形，中空有节，节间粗糙，中下部各节上有一圈刺状气根；每节常具 3 分枝。秆箨早落；箨鞘无毛，有紫色小斑点；箨耳缺；箨舌不明显；箨片极小，锥形。末级小枝具叶 2～5 枚，叶片狭披针形，叶脉粗糙。

分布　见于宁海，生于海拔 500m 左右的山沟林缘。产于温州、丽水；分布于华东、西南及湖南、广西，国内外园林中常有栽培。

特性　喜温暖湿润的气候及疏松肥沃、排水良好的酸性土壤；适生于半阴环境，不耐旱，不耐寒。笋期随海拔高度变化而不同，多在秋季。

价值　秆形奇特，枝叶密集，飘逸秀雅，是著名的观赏竹种；竹材坚韧，宜做手杖等工艺品；笋叶鲜美，且笋期正值缺笋季节，是集观赏、笋用、材用于一体的优良竹种。

繁殖　移植母竹或埋鞭繁殖。

国家重点保护野生植物

浙江省重点保护野生植物

其他珍稀植物

034　寒竹 观音竹
Chimonobambusa marmorea (Mitford) Makino

特征　常绿灌木。地下茎复轴型；秆高 1 ～ 3m，径 1 ～ 1.5cm，节间圆筒形，带紫褐色，粗壮秆的基部节上具刺状气根。秆箨纸质，宿存，长于节间；箨鞘外面无毛，或在基部具淡黄色刚毛，间有灰白色大小不等的圆斑；无箨耳；箨舌低平；箨叶短锥形。末级小枝具叶 3 ～ 4 枚，叶片狭披针形。花枝基部宿存有 1 枚大型苞片；小穗长 2 ～ 4cm，具小花 5 ～ 7 朵。颖果长 6mm，圆柱形。

分布　仅见于鄞州天童，生于阴湿山沟林下。产于杭州云栖竹径景区及舟山普陀山岛佛顶山；分布于福建、湖北、四川、陕西。日本及欧美各国普遍有引种，栽于庭园中或供盆栽观赏。

特性　喜温暖湿润气候；土壤为山地红壤，土层较深厚，pH5.5 ～ 5.7，有机质含量丰富；无性生殖能力强，其秆茎及竹鞭上的芽均可抽笋成竹。笋期 10 ～ 11 月，故名寒竹。花期 4 ～ 7 月，果期 6 ～ 8 月。果实内胚乳量少，通常中空，发芽率低，室内发芽率仅 26%。

价值　本种零星小片分布，数量少，为方竹属模式种。形态清雅，是优良的观赏竹种及佛教植物。

繁殖　多采用移植母竹或埋鞭法繁殖；也可用种子繁殖，宜随采随播。

035 菩提子 薏苡
Coix lacryma-jobi Linn.

特征 一年生草本，高 1～2m。叶互生；叶片长条状披针形，基部成鞘，有中脉。总状花序成束腋生；雄小穗通常生于总苞之上，多枚排列成下垂的总状花序；雌小穗生于总苞之内；总苞硬骨质，念珠状，卵形，光滑，呈黄、灰褐、紫褐、白、黑等色。颖果小，藏于骨质总苞内。

分布 宁波全市各地常见，生于水沟、田边、路旁、溪畔草丛中，园林中常有栽培。我国各地常见。亚洲热带地区也有。

特性 适应能力较强，喜温暖湿润气候；喜光，喜湿，畏旱；对土壤要求不严，在盐碱地也能生长，但以向阳、肥沃的土壤为宜。3～4月发芽长叶，7～10月开花，8～11月果熟，12月枯萎。

价值 本种抗逆性强，可作栽培薏米的育种材料；植物清秀雅致，总苞形态特异，色彩缤纷，是园林中重要的湿地美化材料；总苞坚硬而美观，可做念珠或门帘、座垫等多种工艺装饰品；茎叶可造纸或作饲料。

繁殖 播种、分株繁殖。

036 金刚大 黄精叶钩吻
Croomia japonica Miq.

特征　多年生草本。地下茎横走，多结节，生有粗壮肉质根；茎高 20～50cm，不分枝，基部具鞘。叶 3～6 枚，互生于茎上部；叶片卵形、长卵形或卵圆形，先端急尖，基部浅心形，略下延，全缘，弧状脉 7～9 条。花小，黄绿色，单生或 2～4 朵排成总状花序，总花梗及花梗纤细下垂，花梗基部具关节。蒴果宽卵形，长约 1cm，熟时 2 瓣裂，内具 3 粒种子。

分布　见于余姚、宁海，零星生于海拔 400～800m 的山地阔叶林下或阴湿沟边。产于安吉、临安、天台、仙居、庆元、开化、永嘉；分布于安徽、江西、福建。日本也有。

特性　要求气候温凉湿润，多云雾；土壤为山地黄壤或黄棕壤，土层深厚，结构疏松，排水良好，有机质含量较丰富，pH5.0 左右；耐阴，不耐高温干旱。通常 3 月中下旬抽芽，4 月开花，6～9 月果熟，9～10 月地上部分逐渐枯萎。

价值　东亚特有种，仅见于我国华东与日本；该属另有 2 种，1 种仅分布于日本，另 1 种则分布于北美东南部，该属植物的间断分布格局是证明东亚与北美在地史上曾有联系的一个重要例证。该属的形态解剖特征在百部科中比较特殊，有学者认为应单独成立一科，故在古植物地理区系及百部科系统演化研究方面具有重要价值。根状茎供药用，具祛风解毒功效。由于森林环境的破坏，人为采挖作药用及本身对生境的适应性和天然下种能力较弱，该物种处于濒危状态。

繁殖　播种、分株或组培繁殖。

037　阔叶沿阶草
Ophiopogon jaburan (Kunth) Lodd.

百合科
Liliaceae

特征　多年生常绿丛生草本，高 30 ～ 50cm。叶丛生；叶片条形，革质，长 40 ～ 80cm，宽 1 ～ 1.5cm，正面深绿色，光亮，具 9 ～ 13 条脉，叶缘略粗糙，先端渐收缩，钝尖，基部渐狭成不明显的柄。花葶扁平，上部具狭翼，长 30 ～ 50cm，宽 4 ～ 7mm；总状花序，花 3 ～ 8 朵簇生；花梗长 1 ～ 2cm，关节位于中部或之上；花下垂，长 7 ～ 8mm，白色或淡紫色；花药披针形，长 4 ～ 5mm。种子椭圆形，熟时蓝色。

分布　见于象山韭山列岛和花岙岛等地，生于海拔 100m 以下乱石较多的滨海山坡林下阴湿处或灌草丛中。产于舟山东福山岛、台州上大陈岛、温州南麂岛。日本也有。

特性　要求温暖湿润、雨量丰富的海洋性气候和潮湿、疏松、肥沃、排水良好的土壤；耐阴，忌阳光直射，喜空气湿度大的半阴环境；稍耐盐，较耐寒。花期 8 ～ 9 月，果期 11 月至翌年 2 月。

价值　为中国与日本间断分布种，在研究两地植物区系关系方面具科学价值。我国仅产于浙江，资源稀少。密叶成丛，碧绿油亮，是极好的阴生地被植物，国外已培育出多个园艺品种，并在国内外园林中广泛应用。

繁殖　播种、分株繁殖。

038 华重楼 七叶一枝花

Paris polyphylla Smith var. ***chinensis*** (Franch.) Hara

百合科
Liliaceae

特征 多年生草本。根状茎粗壮，密生环节；茎高 30～150cm。叶通常 5～9 枚，轮生于茎顶；叶片长圆形或卵状披针形。花单生茎顶，外轮花被片绿色，叶状，内轮花被片狭条形。蒴果近圆形，径 1.5～2.5cm，具棱，暗紫色，熟时开裂。种子多数，鲜红色。

分布 见于除镇海、江北以外的各地山区、半山区，生于海拔 200～900m 的山坡、沟谷林下阴湿处。产于浙江省各山区；分布于长江以南各地。东南亚也有。

特性 喜温暖湿润、雨量丰富的气候和庇阴度较大、湿度较高的环境；土壤多为山地红壤或黄壤，土层深厚，疏松湿润，pH5～6.5，表层富含腐殖质；忌阳光直射及干旱；在林中多呈散生状；自然更新能力中等。花期 4～6 月，果期 10～12 月，初霜后地上部分枯萎。

价值 重要的中药材，根状茎入药，具清热解毒、消肿止痛、止咳化痰等功效，并有抗肿瘤的作用；株形奇异，花形独特，种子红艳，可作地被植物、花境材料及供庭园观赏。由于森林环境的破坏，加上该种又是民间常用草药，采挖过度，其分布虽较广，但资源已渐趋枯竭。

繁殖 播种或用根状茎繁殖，组培不易成功。

第三节 其他珍稀植物

001 阴地蕨 独脚金鸡
Botrychium ternatum (Thunb.) Sw.

阴地蕨科
Botrychiaceae

特征 多年生草本，高 20～60cm。全体无毛。根状茎短而直立，有一簇肉质粗根。总叶柄长 2～6cm；叶二型：营养叶叶柄长 3～15cm，叶片阔三角形，先端渐尖，三回羽状分裂，羽片 3～4 对，互生或近对生，基部 1 对最大，叶脉不明显，边缘有不整齐尖锯齿；孢子叶远长于营养叶，孢子囊穗圆锥状，二至三回羽状分裂。

分布 见于余姚、北仑、鄞州、奉化、宁海、象山，零星散生于海拔 50～700m 的林下或灌丛中。产于浙江省各地山区、半山区；分布于华东、华中、西南及台湾。日本、朝鲜、越南也有。

特性 喜阴湿的环境及疏松肥沃的土壤。7～8 月抽生孢子叶，10～11 月孢子成熟。

价值 重要的药用植物，具清热解毒、平肝散结、润肺止咳、补肾散翳功效；植株小巧清秀，可供盆栽观赏。自繁能力较弱，生长缓慢，药农见之即挖，资源趋竭。

繁殖 组培或孢子繁殖。

国家重点保护野生植物

浙江省重点保护野生植物

其他珍稀植物

002 心脏叶瓶尔小草
Ophioglossum reticulatum Linn.

特征 多年生草本，高 5～8cm。根状茎短，直立，有少数粗长的肉质根。总叶柄长 4～8cm；叶二型：营养叶长 3～4cm，宽 2.5～3.5cm，卵形或卵圆形，先端圆钝至急尖，基部心形或近截形，有短柄，草质，网状脉明显；孢子叶长 10～15cm，孢子囊穗纤细，长 3～3.5cm。

分布 仅见于象山县墙头镇大雷山，生于海拔 80m 左右的山脚路边林下。分布于华东、西南。南洋群岛、南美及朝鲜、日本、印度、越南也有。

特性 喜阴湿环境及疏松肥沃土壤，怕高温。3月中、下旬抽生孢子叶，6～7月孢子成熟。

价值 稀有植物，为本次调查发现的浙江分布新记录种。可供药用，具清热解毒、消肿止痛、活血散瘀、凉血退翳及止咳功效；植株小巧清秀，可供盆栽观赏。

繁殖 分株、组培或孢子繁殖。

国家重点保护野生植物

浙江省重点保护野生植物

其他珍稀植物

003 腺毛肿足蕨 球腺肿足蕨
Hypodematium glanduloso-pilosum (Tagawa) Ohwi

肿足蕨科
Hypodematiaceae

特征 多年生岩生草本,高12～40cm。根状茎横卧,连同叶柄基部密被红棕色、先端长渐尖的披针形鳞片。叶近生;叶柄禾秆色,基部膨大,向上疏被灰白色短柔毛和金黄色鼓槌状腺毛;叶片卵状五角形,先端渐尖并为羽裂,基部心形,三至四回羽状分裂;羽片7～10对,互生,斜向上,有柄,基部一对最大;叶脉羽状,明显;两面有柔毛,背面兼有腺毛。孢子囊群圆形,生于小脉中部;囊群盖圆肾形,有毛。

分布 仅见于鄞州与奉化交界处,生于海拔200m左右的丹霞地貌含钙质的干燥岩洞中。产于开化、衢江;分布于福建、江苏、山东、河南。日本、韩国、泰国也有。

特性 喜温暖气候;耐干旱瘠薄,喜生于石灰岩山地。孢子成熟期8月前后。

价值 本种在宁波仅发现于1个分布点,植株稀少,其科、属均为宁波分布新记录。在研究丹霞地貌植物区系方面有学术价值。全草入药,具拔毒消肿、止血生肌、祛风利尿功效。

繁殖 孢子或分株繁殖。

004 过山蕨
Camptosorus sibiricus Rupr.

特征 小型岩生草本。根状茎短；鳞片狭条形至披针形，膜质，具粗筛孔。叶簇生，二型：营养叶，较小；孢子叶较大，披针形，全缘或略呈波状，基部楔形或圆楔形，略下延于叶柄，先端渐尖，常延伸成长尾状并着地生根而形成新植株，叶脉网状。孢子囊群线形至长圆形，沿主脉两侧排列成 1 ～ 3 行；囊群盖同形，膜质。

分布 仅见于余姚四明山，生于海拔 700m 左右丹霞地貌的岩洞石缝中。分布于东北、华北、西北及江苏北部、江西庐山。朝鲜、日本、俄罗斯远东地区也有。

特性 生于丹霞质的岩洞石缝中，喜阴，耐瘠，要求空气湿度较高。孢子成熟期 7 ～ 8 月。

价值 本次调查发现的浙江分布新记录属、种，仅有 1 个分布点，且植株极少；宁波为其在我国沿海地区的分布南缘。全草入药，具止血消炎、活血散瘀等功效。

繁殖 孢子、芽孢或分株繁殖。

005　东方荚果蕨
Pentarhizidium orientale (Hook.) Hayata

球子蕨科
Onocleaceae

国家重点保护野生植物

浙江省重点保护野生植物

其他珍稀植物

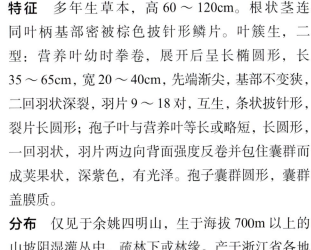

特征　多年生草本，高 60～120cm。根状茎连同叶柄基部密被棕色披针形鳞片。叶簇生，二型：营养叶幼时拳卷，展开后呈长椭圆形，长 35～65cm，宽 20～40cm，先端渐尖，基部不变狭，二回羽状深裂，羽片 9～18 对，互生，条状披针形，裂片长圆形；孢子叶与营养叶等长或略短，长圆形，一回羽状，羽片两边向背面强度反卷并包住囊群而成荚果状，深紫色，有光泽。孢子囊群圆形，囊群盖膜质。

分布　仅见于余姚四明山，生于海拔 700m 以上的山坡阴湿灌丛中、疏林下或林缘。产于浙江省各地山区；分布于华东、华中、西南、西北。日本、朝鲜、印度及俄罗斯远东地区也有。

特性　喜温暖湿润的气候和阴湿的环境；要求疏松肥沃、排水良好的酸性土壤；耐阴，不耐旱。4 月抽生营养叶，8 月抽生孢子叶，10～11 月孢子成熟。

价值　形态优雅而奇特，可供园林观赏；嫩叶可作菜；全草药用，具祛风、止血等功效。该种在宁波境内极为稀见。

繁殖　孢子繁殖。

006 肾蕨
Nephrolepis auriculata (Linn.) C.Presl

特征　多年生草本。根状茎有直立的主轴及从主轴向四面发出的长匍匐茎，并从匍匐茎的短枝上长出圆形块茎。叶簇生；叶片草质，光滑无毛，披针形，长 30～70cm，宽 3～5cm，一回羽状，羽片无柄，以关节着生于叶轴，边缘有疏浅钝齿。孢子囊群生于每组侧脉的上侧小脉顶端；囊群盖肾形。

分布　见于宁海长街镇和深圳镇，生于温泉附近乱石堆中或古代采石后废弃的石窟岩缝中。产于丽水和温州的南部及普陀朱家尖岛；分布于华南、西南及福建和湖南南部。亚洲热带其他地区也有。

特性　喜温暖的气候及湿润的环境；不耐寒，喜光，亦能耐阴，常生于岩缝中，耐旱性较强。

价值　宁波为其在我国大陆的分布北缘。块茎富含淀粉，入药可治感冒咳嗽、肠炎腹泻；全草治五淋白浊、崩带、乳痈、产后水肿等症；植株清秀，叶片雅致，为优良的盆栽植物，又是重要的切叶材料。

繁殖　分株、块茎或孢子繁殖。

国家重点保护野生植物

浙江省重点保护野生植物

其他珍稀植物

007 骨碎补
Davallia mariesii Moore ex Bak.

特征 多年生附生草本。植株高 15 ～ 20cm。根状茎粗壮，长而横走，密生蓬松的棕褐色鳞片，鳞片阔披针形，边缘有不规则锯齿。叶远生；叶片五角形，近革质，光滑，长宽各 8 ～ 14cm，四回羽状细裂；基部一对羽片最大，三角形；一回小羽片互生，基部下侧一枚特大，向上渐小；末回裂片长圆形。孢子囊群生于小脉顶端；囊群盖盅状，成熟时孢子囊突出口外，覆盖裂片顶部，仅露出外侧的长钝齿。

分布 见于宁海、象山，生于海拔 100 ～ 600m 的山坡或山沟林下岩石上。产于乐清；分布于江苏、山东、辽宁和台湾。韩国、日本也有。

特性 喜温暖湿润的海洋性气候；喜光，也能耐阴，耐旱，耐瘠，也较耐寒。

价值 本种在浙江资源极少。根状茎药用，有补精益肾、强筋壮骨、祛风除湿、散瘀止痛功效；植株优美，可供盆栽观赏或岩面美化。

繁殖 根状茎或孢子繁殖。

国家重点保护野生植物

浙江省重点保护野生植物

其他珍稀植物

008　杯盖阴石蕨
Humata griffithiana (Hook.) C. Chr.

特征　多年生附生草本。根状茎长而横走，密生灰棕色鳞片，鳞片条状披针形，以圆形基部盾状着生。叶远生，叶柄光滑；叶片卵状三角形，先端渐尖，基部四回羽状细裂，中部三回羽状分裂，顶部二回羽状分裂，羽片 10 ～ 12 对，互生，斜向上，基部一对羽片最大，三角状长圆形；叶革质，无毛。孢子囊群 1 ～ 3 个生于末回裂片上侧的小脉顶端；囊群盖宽杯形，高稍大于宽，两侧边几全部着生于叶面，棕色，有光泽。

分布　仅见于鄞州天童，附生于海拔 80 ～ 120m 的山沟岩壁上。分布于台湾（台北）、云南西北部。印度北部也有。

特性　要求温暖湿润的气候及湿润的环境；耐阴，较耐旱，不耐寒。

价值　为本次调查发现的华东分布新记录植物，极为稀有。属热带植物区系，浙江为其分布北缘。形态优雅，可供盆栽观赏。

繁殖　根状茎或孢子繁殖。

009　常春藤鳞果星蕨
Lepidomicrosorium hederaceum (Christ) Ching

水龙骨科
Polypodiaceae

特征　多年生草质攀援藤本。根状茎细铁丝状，长可达 2m，顶部无叶，密被鳞片。叶二型，疏生，相距 1～3cm；孢子叶常为戟状披针形，先端钝尖至渐尖，基部宽楔形至深心形，两侧垂耳发达，全缘，背面疏生小鳞片，叶柄长 3～9cm，有狭翅，下延几达基部；营养叶较短，心状长卵形。孢子囊群星散分布于叶背，幼时有无柄的盾形隔丝覆盖。

分布　见于鄞州五龙潭景区和宁海茶山，生于海拔 300～400m 的山沟阴湿林下，攀附于树干或岩石上。产于武义、遂昌；分布于湖南、湖北、四川、贵州。

特性　喜温暖湿润的气候及阴湿的生境；要求空气湿度较大，不耐旱。

价值　根状茎药用，有补肾、强壮筋骨、祛风除湿、散瘀止痛功效。本种在野外较为稀见。

繁殖　根状茎或孢子繁殖。

010 青钱柳
Cyclocarya paliurus (Batal.) Iljinsk.

胡桃科
Juglandaceae

特征　落叶乔木，高达 30m，胸径 80cm。裸芽；枝髓片状分隔。奇数羽状复叶互生；小叶 7～9（13）对，椭圆形或长椭圆状披针形，先端渐尖，基部偏斜，边缘有细锯齿。花单性同株，葇荑花序，雄花序 2～4 条簇生于去年生枝叶腋的总梗上；雌花序单生枝顶。坚果具圆形宽翅，径 3～6cm。

分布　见于除慈溪、江北以外的宁波各地山区，生于海拔 300～600m 的山坡、溪谷的林中或林缘；慈溪等地有栽培。产于浙江省各地山区；分布于华东、华中、华南、西南、西北。

特性　喜温暖湿润的气候及土层深厚、肥沃湿润的酸性或微酸性土壤；小树耐阴，大树喜光；深根性树种，萌芽性强，前期生长迅速。4～6 月开花，9～10 月果熟。

价值　我国特产的单种属植物，为第三纪古热带植物区系的孑遗种；宁波为其模式产地。木材可作家具、箱板、器具等用材；树皮为栲胶及造纸原料；嫩叶可降血糖。

繁殖　播种繁殖，果皮厚而坚硬，不透水，含胡桃酮抑制物，且有后熟特性，需两年才能发芽；也可扦插繁殖。

011　华千金榆　南方千金榆
Carpinus cordata Bl. var. ***chinensis*** Franch.

特征　落叶乔木，高达 15m。幼枝密被毛。单叶互生；叶片宽卵圆形至长椭圆形，先端渐尖，基部心形，缘具不规则尖锐重锯齿，齿端短芒状，正面中、侧脉下陷，两面中、侧脉被长柔毛，侧脉 20 ～ 25 对，整齐。雌雄同株；果序下垂；果苞密集，近卵形，两侧边缘各具 3 ～ 10 枚锐锯齿。坚果小，长圆形。

分布　仅见于余姚四明山，生于海拔 600m 左右的山谷毛竹林中。产于安吉、临安、临海；分布于华东及湖北、四川。

特性　喜温凉的气候和湿度较大的生境；适于深厚肥沃、排水良好的酸性及微酸性土壤；大树喜光，耐寒性较强，深根性。3 月中、下旬抽芽发叶，4 月下旬开花，6 ～ 8 月果熟，11 ～ 12 月落叶。

价值　我国特产树种。宁波只有 1 个分布点，仅见 5 株，且因竹林抚育而多次被砍伐。树形优美，叶片清雅，可供园林观赏。

繁殖　播种繁殖。

012 赤皮青冈
Cyclobalanopsis gilva (Bl.) Oerst.

特征 常绿大乔木，高达 30m，胸径达 1m。小枝、叶柄及叶背均密生灰黄色或黄褐色星状绒毛。单叶互生；叶片倒披针形或倒卵状长椭圆形，叶缘中部以上有尖锐锯齿，侧脉 11～18 对。花单性同株；雄花组成下垂的葇荑花序。壳斗碗形，被毛，外具 6～7 条同心环带。坚果顶端有微毛。

分布 见于除慈溪、江北外的各地山区，生于海拔 100～400m 的山地阔叶林中。产于舟山、台州、丽水等地；分布于福建、台湾、湖南、广东、贵州等地。日本也有。

特性 喜温暖湿润的气候及深厚肥沃、排水良好的酸性土壤；幼时喜阴，大树喜光，萌蘖性较强。花期 5 月，果期 10 月。

价值 珍贵用材树种，木材称"红稠"，为古时江南四大名木之一。种仁淀粉可酿酒；树皮及壳斗可提制栲胶；树体高大雄伟，枝叶密集，为造林及园林绿化的优良树种。宁波为其在我国的分布北缘。

繁殖 播种繁殖。

013 大叶青冈
Cyclobalanopsis jenseniana (Hand.-Mazz.) Cheng et T. Hong

特征　常绿大乔木，高达 30m。小枝粗壮，无毛，密生皮孔。单叶互生；叶片大，椭圆形至倒卵状长椭圆形，长 12～30cm，宽 6～12cm，先端尾尖或渐尖，基部宽楔形或钝圆，全缘，无毛，中脉在正面凹陷，侧脉 12～17 对，近叶缘处向上弯拱；叶柄长 2～4cm，粗壮。花单性同株；雄花组成下垂的荑荑花序。壳斗杯形，外具 6～9 条同心环带。坚果无毛。

分布　见于鄞州、宁海、象山，生于海拔 200～400m 的阴湿山谷或山坡林中。产于台州、衢州、丽水、温州；分布于除江苏外的长江以南各省区。

特性　喜温暖湿润气候；中性树种，幼时耐阴，大树较喜光，深根性，不耐干旱瘠薄。花期 4～5 月，果期翌年 10～11 月。

价值　我国特产树种。宁波为该种的分布北缘，植株稀少。木质坚硬，可供材用；种仁淀粉可酿酒；树皮及壳斗可提制栲胶；树体高大雄伟，枝叶密集，可供园林绿化。

繁殖　播种繁殖。

014 水青冈
Fagus longipetiolata Seem.

特征　落叶大乔木，高达25m。单叶互生；叶片卵形，先端短渐尖，基部宽楔形，边缘微波状，有短尖齿，侧脉9～14对，直达齿端。壳斗密被褐色绒毛，熟时4瓣裂；苞片钻形，常呈"S"形弯曲，每壳斗内有坚果2枚。坚果具3棱，长卵形，黑褐色，长约1.5cm。

分布　仅见于奉化，生于海拔400m左右的山沟路边林中。产于浙江省各地山区；分布于秦岭以南、南岭以北各地。越南也有。

特性　喜冷凉湿润的气候；土壤多为山地黄壤，pH5.5～6.5，在岩石裸露的山脊岩缝中也能生长；幼树稍耐阴，大树喜光，深根性。3月发芽长叶，4～5月开花，9～11月果熟，10月下旬叶片开始变黄并逐渐脱落。

价值　木材坚硬，纹理细密，供建筑、家具等用材；种仁富含油脂，味香甜，可生食、炒食或榨油；嫩叶可作茶叶代用品；树形优美，秋叶黄色，可供园林观赏。宁波仅有奉化1个分布点，数量稀少。

繁殖　播种繁殖。果实熟时及时采种，以免果实掉落或遭动物噬食，湿沙层积贮藏至翌春播种。

015　枹栎
Quercus serrata Thunb.

特征　落叶乔木，高达25m。树皮深纵裂。单叶互生；叶片变化较大，椭圆状披针形、卵状披针形、长圆形、倒卵形等，先端渐尖或急尖，基部楔形或圆形，边缘有深或浅锯齿，齿尖常内弯，侧脉7～12对；叶柄长1～2.5cm。花单性同株；雄花组成下垂的柔荑花序。壳斗碗状，苞片小，三角形。坚果1枚，大部露出，卵圆形或椭圆形，先端尖或圆。

分布　仅见于宁海桃花溪景区，生于海拔600m左右的山脊路边林中。产于临安西天目山；分布于华东、华中、华北、西北、西南及辽宁南部。日本、朝鲜也有。

特性　喜冷凉湿润的气候；喜光，耐旱，耐瘠，耐寒，喜酸性土壤，常为群落的建群种。3月下旬至4月上旬抽叶开花，10～11月果熟，10月下旬叶色变黄，11月中旬逐渐落叶。

价值　木材坚硬，可供建筑、器具等用材；树皮与壳斗可提制栲胶；种仁淀粉可酿酒、制饮料或豆腐；叶可饲柞蚕。浙江至今仅发现于2个分布点，数量稀少，宜加保护。

繁殖　播种繁殖。

016　台湾榕
Ficus formosana Maxim.

特征　常绿灌木，高 1～2m。全体有乳汁。小枝具环状托叶痕。单叶互生；叶片薄纸质，倒卵状长圆形或倒披针形，长 4～11cm，宽 1～3cm，先端渐尖或尾尖，基部楔形或钝圆，全缘或在中部以上疏生钝齿，侧脉与中脉近直角，至近叶缘处联结；叶柄长 2～7mm。隐花果具柄，单生于叶腋，梨形、椭圆形或球形，长 7～10mm，径约 6mm，熟时紫红色至黑色。雄花和瘿花生于同一花序托中，雌花生于另一花序托内。

分布　见于北仑、宁海、象山，生于海拔 50～300m 的山沟、山坡林下。产于舟山、台州、丽水、温州；分布于华东、华南及湖南、贵州。越南北部也有。

特性　喜温暖的气候及湿润的环境；适于疏松肥沃、排水良好的酸性土壤；耐阴性较强，不耐旱，不耐寒。花果期陆续，多在 4～11 月。

价值　本种在浙江较稀见，宁波为其分布北界。韧皮纤维发达；植株小巧，叶片亮绿，果实醒目，可供观赏；根药用，可治风湿性关节痛，丽水民间用其煮鸡、炖肉，认为具降脂减肥作用；雌果熟时味甜可食。

繁殖　分株、扦插或播种繁殖。

017 爱玉子
Ficus pumila Linn. var. ***awkeotsang*** (Makino) Corner

特征 常绿藤本。全体有乳汁。小枝有环状托叶痕，常生不定根。单叶互生；叶二型：营养枝叶较小，质薄，心状卵形；果枝上的叶较大，厚革质，椭圆形，先端钝或尖，基部通常圆形，全缘，背面网脉发达。雌雄异序。隐花果单生叶腋，具短梗，长椭圆形，长 5～8cm，熟时黄绿或深紫色，全部或上部表面密被白色斑点。

分布 见于宁海、象山，生于海岛或大陆近海的山坡灌丛中，攀援于岩石或树干上。产于温州、台州沿海，偶见于内陆山地（文成）；分布于福建、台湾。

特性 喜温暖湿润的海洋性气候；耐旱，喜光，不耐寒。花果期不规则，果熟期通常在 2～5 月。

价值 间断分布于中国大陆与台湾，对研究两地植物区系的关系有学术价值。雌性隐花果中的瘦果可做凉粉食用，台湾早已将其作为重要的经济植物进行栽培利用；全体均可药用；枝叶密集，果实奇特，攀附力强，可供园林垂直绿化。

繁殖 扦插、压条或播种繁殖。

018　曲毛赤车
Pellionia retrohispida W. T. Wang

特征　多年生常绿草本。茎平卧或斜升，下部节处生根，与花序梗均贴生有下向的糙伏毛。单叶互生，在枝上排成 2 列；叶片斜椭圆形，先端略尖或短渐尖，基部极不对称，上侧楔形，下侧耳状，中上部有锯齿，两面有糙伏毛，正面叶脉下陷；叶柄短。雌雄异株，花序腋生；雄花序具长梗，花密集；雌花序无梗，簇生状。

分布　仅见于鄞州五龙潭景区，生于海拔 300m 左右的山沟阴湿林下岩石旁。产于丽水；分布于江西、福建、湖南、四川。

特性　喜温暖湿润的气候和潮湿的环境；耐阴，喜湿，适于疏松肥沃的土壤。花期 3 月，果期 4～5 月。

价值　我国特有种。浙江境内稀见，宁波为其分布北缘。可供阴湿林下作地被或用作室内盆栽。

繁殖　扦插、分株或播种繁殖。

国家重点保护野生植物

浙江省重点保护野生植物

其他珍稀植物

019 尾花细辛 土细辛
Asarum caudigerum Hance

特征 多年生草本。植株各部均被白色多细胞长柔毛。根状茎粗短，斜升；须根细长，几无辛辣味。叶 2 ～ 4 枚基生；叶片厚纸质，卵状心形，长 3 ～ 10cm，宽 2.5 ～ 7cm，先端急尖，基部心形，正面常有白色斑纹；叶柄长 3 ～ 10cm。花单生叶腋；花梗长 1 ～ 2cm；花被筒卵状钟形，径 1 ～ 1.5cm，在子房以上分离，花被裂片卵形，花时上举，先端细长尾状；雄蕊 12 枚；花柱合生，先端放射状 6 裂。蒴果近球形。

分布 仅见于宁海，生于海拔约 500m 的阴湿林下。产于台州、丽水、温州；分布于华东、华中、华南、西南。

特性 喜温暖湿润的气候、阴湿的环境和疏松肥沃的土壤；耐阴性较强，不耐旱。花果期 4 ～ 7 月。

价值 我国特产种。全草药用，具祛寒止咳功效。宁波为其分布北缘，仅发现于 1 个分布点，资源极为稀少。

繁殖 分株、播种或组培繁殖。

020　肾叶细辛 马蹄香
Asarum renicordatum C. Y. Cheng et C. S. Yang

特征　多年生草本。根状茎斜升。叶2枚，对生；叶片肾状心形，长3～4cm，宽6～7.5cm，先端钝圆，基部深心形，两面及叶缘被毛；叶柄长10～14cm，密被开展的白色长柔毛。花单生于二叶柄之间；花梗长约2.5cm，密生柔毛；花被裂片下部靠合如管状，管长约10mm，外被柔毛，花被裂片上部三角状披针形，先端渐窄成一狭长尖头或短尖头；雄蕊与花柱等长或稍长；花柱合生，顶端6裂。

分布　仅见于宁海，生于海拔300m左右的阴湿林下。产于临安昌化、安吉龙王山；分布于安徽黄山、九华山。

特性　喜温暖的气候和潮湿的环境；要求疏松肥沃、排水良好的土壤；耐阴，畏强光，喜湿，不耐旱。花期5月。

价值　浙江、安徽特有种。宁波仅见于1个分布点，资源极为稀少。植株小巧，叶片雅致，可供盆栽观赏；全草可入药。

繁殖　分株、播种或组培繁殖。

021　支柱蓼 紫参
Polygonum suffultum Maxim.

特征　多年生草本。根状茎肥厚，紫褐色；茎直立或斜上，常3～4枝簇生，不分枝。基生叶具长柄，叶片宽卵形或卵形，先端渐尖或急尖，基部深心形；托叶鞘膜质，长筒状，褐色，无缘毛；茎生叶卵状心形，有短柄或近无柄而抱茎。穗状花序圆柱形，顶生或腋生；花梗短，顶端具关节；花白色，雄蕊8枚，花柱3枚。瘦果卵状三棱形，黄褐色，有光泽。

分布　仅见于余姚四明山，生于海拔800m左右的山谷林下阴湿处。产于临安、淳安、莲都；分布于华东、华中、西南、西北及河北。日本、朝鲜也有。

特性　喜温凉湿润的气候和疏松肥沃、排水良好的土壤；耐寒，耐旱，喜光，也能耐阴。花期4～5月，果期5～7月。

价值　重要的药用植物。根状茎入药，具散血行气、止痛化瘀功效。宁波仅见于1个分布点，资源极少。

繁殖　播种、扦插或组培繁殖。

022　尖头叶藜
Chenopodium acuminatum Willd.

特征　一年生草本，高 20～50cm。茎直立，多分枝，有绿色条纹。单叶互生；叶片肉质，卵形、宽卵形或椭圆形，长 1～4cm，宽 0.8～2.5cm，先端圆钝或急尖，具短尖头，基部宽楔形或近圆形，全缘，两面无毛，背面被粉粒而呈灰白色；叶有柄。花序穗状或圆锥状；花序轴有圆柱状毛束；花两性；花被片 5 枚，果时背部增厚成五星状；雄蕊 5 枚。胞果扁球形，包于宿存花被内。种子小，横生，亮黑色。

分布　仅见于象山渔山列岛，生于海边路旁草丛内或岩缝中。分布于东北、华北、西北及河南、山东。日本、朝鲜、蒙古及俄罗斯也有。

特性　喜温凉型海洋性气候；性强健，喜光，耐旱，耐盐碱，耐瘠薄。花期 6～8 月，果期 9～11 月。

价值　此前《中国植物志》记载浙江有分布，但未见可靠标本，本次调查得到确认。宁波为其在我国的分布南界。浙江目前仅见于象山。嫩叶可蔬食。

繁殖　种子繁殖。

023　细穗藜
Chenopodium gracilispicum Kung

特征　一年生草本，高 50 ～ 70cm。茎直立，有绿色条纹，上部有细的分枝。单叶互生；叶片菱状卵形至卵形，长 3 ～ 5cm，宽 2 ～ 4m，先端急尖或短渐尖，具短尖头，基部宽楔形至截形，全缘或近基部两侧各具 1 枚浅裂片，两面无毛，背面被粉粒而呈灰绿色；有细柄。花黄绿色，常 2 ～ 3 朵簇生，再排成细瘦而稀疏的穗状圆锥花序。胞果不完全包于宿存花被内，有粉粒。种子小，双凸镜状，亮黑色。

分布　见于鄞州、奉化、象山，生于海拔 200m 左右的山坡、山沟岩石旁或毛竹林中。产于杭州及永康、衢江；分布于华东、华中、西北及广东、云南。日本也有。

特性　喜温暖湿润的气候；稍耐阴，喜湿，不喜瘠薄土壤。花期 7 ～ 9 月，果期 9 ～ 11 月，12 月枯萎。

价值　浙江为本种模式产地，但极为稀见。宁波仅有 3 个分布点。嫩叶可蔬食。

繁殖　种子繁殖。

国家重点保护野生植物

浙江省重点保护野生植物

其他珍稀植物

024 盐角草
Salicornia europaea Linn.

特征 一年生草本，高 10～35cm。茎直立，多分枝；枝对生，肉质，具节，灰绿或紫红色。叶不发育，鳞片状，对生；叶片长 1.5mm，先端锐尖，基部连合成鞘状，边缘膜质。花序穗状，有短柄，长 1～5cm，顶生；花两性，每 3 朵成 1 簇，生于节两侧的凹陷内；花被合生成口袋形，肉质，花后膨大；雄蕊 1 枚或 2 枚；柱头钻形。胞果包于海绵状的花被内，果皮膜质。种子长圆状卵形，有钩状刺毛。

分布 仅见于慈溪，生于滨海围垦区低湿地重盐土上或盐田废弃后的棉花地中。产于岱山、普陀、玉环、温岭；分布于西北及河北、河南、辽宁、山东和江苏北部。东亚、中亚、南亚及欧洲、非洲、北美也有。

特性 性强健，极耐盐，耐旱，常形成群落，晚秋全株变红色。花果期 7～9 月。

价值 形态特异，季相明显，十分艳丽，是潮湿环境的盐土指示植物；用于滨海滩涂绿化，可降低土壤盐分；全草可作利尿剂，用于抗坏血病。因海涂围垦等人为活动，本种在宁波已近绝迹。

繁殖 种子或分株繁殖。

国家重点保护野生植物

浙江省重点保护野生植物

其他珍稀植物

025 无翅猪毛菜
Salsola komarovii Iljin

特征   一年生草本，高 20～50cm。茎直立，自基部分枝；枝互生，黄绿色，光滑无毛，有白色或紫红色条纹。单叶互生；叶片半圆柱形，长 2～5cm，宽 2～3mm，肉质，无毛，先端有短尖，基部扩展，稍下延。花序穗状，生于枝条上部；花单生苞腋。胞果倒卵形，径约 2mm，果皮膜质。种子横生。

分布   仅见于象山，生于滨海沙滩潮上带或沙丘风沙土上。产于平湖、岱山、普陀；分布于辽宁、河北、山东、江苏。朝鲜、日本及俄罗斯远东地区也有。

特性   性强健，喜光，耐干旱，耐盐碱，耐瘠薄，耐寒，耐高温，抗沙埋。花期 7～8 月，果期 8～10 月。

价值   本种是滨海地区良好的固沙植物。象山是其分布南缘，仅见于 1 个分布点。目前因其生长的滨海沙滩内侧在建宾馆，资源面临绝迹。

繁殖   种子繁殖。

026 刺沙蓬 刺蓬
Salsola tragus Linn.

藜科
Chenopodiaceae

特征 一年生草本，高 20 ～ 80cm。茎直立，自基部分枝，茎、枝具短硬毛或近无毛，有白色或紫红色条纹。叶互生，连同苞片、小苞片顶端有刺状尖；叶片半圆柱形或圆柱形，无毛或有短硬毛，长 1.5 ～ 4cm，宽 1 ～ 1.5mm，基部扩展。花序穗状，生于枝条的上部；苞片长卵形，比小苞片长；小苞片卵形；花被片长卵形，果时背面有一直径 7 ～ 10mm 的横生翅，翅具脉纹。

分布 仅见于象山，生于滨海沙滩潮上带或沙丘风沙土上。产于普陀；分布于东北、华北、西北及西藏、山东、江苏。蒙古、俄罗斯也有。

特性 性强健，耐干旱，耐盐碱，耐寒，耐热、耐强光，耐瘠薄，抗沙埋。花期 7 ～ 9 月，果期 9 ～ 10 月。

价值 是滨海地区良好的固沙植物；花期植株地上部分具降压作用。宁波是其在我国沿海地区的分布南缘，因人为对滨海沙滩的过度开发，已近绝迹。

繁殖 种子繁殖。

027 石竹
Dianthus chinensis Linn.

石竹科
Caryophyllaceae

特征 多年生草本，高 25 ～ 75cm。茎下部匍匐，上部斜升或直立。叶对生；叶片条形或条状披针形，先端渐尖，基部渐狭成短鞘包围茎节，全缘或有细锯齿，具 3 脉，主脉明显。花单生或组成疏散的聚伞花序；萼筒圆筒形，具 5 齿；花瓣 5 枚，淡红或淡紫色，围绕花心有一圈深紫色斑纹，上端具锐或钝的细齿，基部有长瓣柄。蒴果圆筒形。

分布 见于慈溪、镇海、北仑、象山，生于海岛或滨海山地岩坡、沙滩内侧草丛中。产于舟山群岛及台州和温州的部分岛屿上；分布于我国北方，现国内外广泛栽培并有较多品种。

特性 适应性强，耐旱，耐寒，耐瘠，稍耐盐，喜光。花期 5 ～ 11 月，果期 8 ～ 12 月。

价值 本种为我国原产的著名观赏花卉，抗逆性强，为石竹育种的优良材料。《中国植物志》记载原产于我国北方，《浙江植物志》记载本省为栽培或逸生，但作者在舟山、宁波、温州沿海调查时发现，该种在一些远离大陆的无人岛上多有分布，且花较小，颜色单一，多生于岩缝中，故认为浙江应为原产地之一，且宁波为本种的分布南缘。是本次调查发现的华东新记录种。

繁殖 播种、分株、扦插繁殖。

国家重点保护野生植物

浙江省重点保护野生植物

其他珍稀植物

028 萍蓬草 黄金莲
Nuphar pumila (Timm.) DC.

特征　多年生水生草本。根状茎块状。叶二型：浮水叶纸质或近革质，卵形或宽卵形，长 8～17cm，宽 5～12cm，先端钝圆，基部深心形，2 裂片展开或靠近，正面常有光泽，背面紫红色，密生柔毛，侧脉羽状；沉水叶小而薄，形状不规则，边缘波状，无毛。花单生于花梗顶端，伸出水面，径 2～3cm；萼片 5 枚，花瓣状，黄色；花瓣小而多数，狭楔形，黄色；雄蕊多数，黄色；子房卵形，柱头盘红色，8～10 裂。浆果卵形，长 3～4cm，具宿存柱头。种子有白色假种皮。

分布　野生者仅见于鄞州、奉化，生于湖泊或池塘中，其他各地偶有栽培。产于湖州、杭州、金华、台州；广布于我国南北各地，园林中常有栽培。欧洲北部及日本、朝鲜、蒙古、俄罗斯远东地区也有。

特性　喜清洁的静止或缓流水体，底土淤泥质；喜光，不耐旱，忌水体化学污染。花期 6～9 月，果期 8～11 月。

价值　叶大花艳，是优良的水生花卉；根状茎及果实可药用。

繁殖　播种或分株繁殖。

029 中华萍蓬草
Nuphar sinensis Hand.-Mazz.

特征 多年生水生草本。根状茎块状。叶二型：浮水叶纸质或近草质，心状卵形或长椭圆形，长8～17cm，宽8～12cm，先端钝圆，基部深心形，2裂片较靠近，正面几无光泽，背面被疏密不均的短柔毛，侧脉羽状，数回二歧分叉；沉水叶小而薄，形状不规则，边缘波状，无毛。花单生于花梗顶端，伸出水面，径5～6cm；萼片5枚，花瓣状，黄色；花瓣小而多数，先端平截或微凹，黄至橙黄色；雄蕊多数，黄色；子房卵形，柱头盘红色，10～13裂。浆果卵形，长约3cm，具宿存柱头。种子有白色假种皮。

分布 见于鄞州、奉化、宁海，生于缓流河道或山塘中。浙江省园林中偶有栽培；分布于安徽、江西、福建、湖南、广东、广西、贵州。

特性 喜清洁的静止或缓流水体，底土淤泥质；喜光，不耐旱，忌水体化学污染。花期6～11月，果期10～12月。

价值 中国特有种，也是本次调查发现的浙江分布新记录植物。叶大花艳，具较高的观赏价值；根状茎及果实可供药用，具清虚热及调经等功效。

繁殖 播种或分株繁殖。

030 鹅掌草 蜈蚣三七
Anemone flaccida Fr. Schmidt

特征 多年生草本，高 15～40cm。根状茎斜升，近圆柱形，节间短。基生叶 1～2 枚，具长柄；叶草质，五角形，基部深心形，3 全裂，中裂片菱形，3 裂，末回裂片卵形或宽披针形，有 1～3 齿或全缘，侧裂片不等 2 深裂。聚伞花序有花 2～3 朵；叶状苞片 3 枚，轮生，无柄，不等大，3 深裂；花直径 2～2.5cm；萼片 5 枚或更多，白色或带粉红色；无花瓣；雄蕊多数；心皮 8 枚，子房密被短柔毛。瘦果卵形，被短柔毛。

分布 见于余姚、宁海，生于海拔 600～800m 的阴湿山沟林缘草丛中。产于杭州、丽水、金华；分布于华东、华中、西南、西北。日本及俄罗斯远东地区也有。

特性 喜冷凉的气候及湿润的环境；较耐阴，不耐旱，常生于山地腐殖土中。花期 4 月，果期 7～8 月。

价值 植株小巧，叶片清秀，花色淡雅，可供盆栽观赏或作林下地被及花境；根状茎可药用，能治风湿痹痛、跌打损伤。宁波境内资源极少。

繁殖 播种或分株繁殖。

国家重点保护野生植物

浙江省重点保护野生植物

其他珍稀植物

031 小升麻 金龟草
Cimicifuga japonica (Thunb.) Spreng.

特征 多年生草本，高 30 ～ 120cm。根状茎块状，具须根多数；茎上部密被灰色短柔毛。三出复叶 1 ～ 2 枚，近基生；顶生小叶片宽卵状心形，基部心形，具 5 ～ 7 对浅裂片，边缘有不整齐锯齿，正面有光泽，仅近叶缘处被糙毛，背面沿脉被柔毛；侧生小叶片略小，稍偏斜。穗状花序顶生，单一或分枝，长 10 ～ 25cm，具多花；花小，近无梗；萼片 4 枚，白色，花瓣状；花瓣缺；雄蕊 8 枚；心皮 1 ～ 2 枚。蓇葖果小。

分布 见于奉化、宁海，生于海拔 600m 左右的山沟林下阴湿草丛中。产于安吉、临安、遂昌、景宁、泰顺；分布于华中、西南、西北及广东、安徽、河北。日本也有。

特性 喜温暖湿润的气候和疏松肥沃的山地土壤；耐阴性较强，适于湿度较大的生境。花期 8 ～ 9 月，果期 10 ～ 11 月。

价值 本种在浙江分布零星，宁波也仅见于 2 个分布点。叶大亮绿，可作林下地被；根状茎有小毒，可供药用，能清热解毒、活血消肿、降血压，也可作土农药。

繁殖 播种繁殖。

国家重点保护野生植物

浙江省重点保护野生植物

其他珍稀植物

032 獐耳细辛
Hepatica nobilis Schreb. var. ***asiatica*** (Nakai) Hara

特征 多年生宿根草本，高 5～18cm。根状茎细长，多节，密生肉质须根。叶 3～6 枚生于根状茎顶端；叶片三角状肾形，先端 3 裂至中部，基部深心形，全缘，两面被渐变稀疏的伏贴长柔毛。花葶 1～6 条，不分枝，被长柔毛；总苞片 3 枚轮生，萼片状；花单朵顶生；萼片 6～11 枚，白、粉红或堇色，花瓣状；花瓣缺；雄蕊多数；心皮多数，离生，子房密被长柔毛。瘦果卵球形，有长柔毛。

分布 见于余姚四明山、奉化大堰和宁海茶山，生于海拔约 700m 的山沟落叶阔叶林下乱石堆中。产于安吉龙王山、临安天目山、磐安大盘山及临海括苍山；分布于辽宁、安徽、河南。朝鲜也有。

特性 要求生境阴凉湿润；土壤为由霏细斑岩发育的山地棕黄壤，通常生长在疏松透气的表层土壤中，腐殖质含量高，pH5.2～5.5；耐阴，喜湿。花期 3～4 月，果期 5～6 月。

价值 温带分布类型，宁波为其在我国的分布南界。浙江境内资源十分稀少，对研究浙江植物区系有一定意义。根状茎可供药用，主治劳伤、筋骨酸痛等症；植株小巧，叶形可爱，花色清雅，可供盆栽观赏。

繁殖 种子、分株或组培繁殖。

033 拟蠔猪刺
Berberis soulieana Schneid.

特征　常绿灌木,高0.5～1.5m。新枝有棱,针刺长,3分叉。单叶,在长枝上互生,在短枝上簇生;叶片革质,长圆状披针形,先端急尖,具硬尖刺,基部急狭,边缘有多数刺状锯齿,尖头较开展,正面有光泽;叶柄极短。花黄色,8～20朵簇生。浆果倒卵状长圆形,长7～8mm,熟时红色,被白粉。

分布　仅见于余姚四明山,生于海拔700～800m的山沟阔叶林下。产于开化、遂昌、仙居、文成、苍南等地;分布于江西、湖北、四川、陕西、甘肃。

特性　喜温暖湿润气候;喜光,也能耐阴;喜湿,也能耐旱;较耐寒。花期3～4月,果期9～10月。

价值　我国特有植物。枝叶密集,四季常绿,花果艳丽,为优良的观赏植物;根皮具抗菌消炎功效。宁波资源极少。

繁殖　播种、扦插、分株繁殖。

034 玉兰 白玉兰
Magnolia denudata Desr.

木兰科
Magnoliaceae

特征　落叶乔木，高达 15m。小枝淡灰褐色，具环状托叶痕。单叶互生；叶片倒卵形至宽倒卵形，全缘，先端突尖，基部楔形。花大，单生枝顶，先叶开放，径 12～15cm；花被片 9 枚，长圆状倒卵形，白色，背面近基部常带紫色。聚合果不规则圆柱形。种子鲜时红色。

分布　见于除镇海、江北外的各地山区，散生于海拔 200～600m 的沟谷、山坡林中，各地均有栽培。产于浙江省各地山区；分布于华东、华中、西南及陕西、广东。

特性　性喜光，较耐寒；栽植地积水易烂根；喜肥沃、排水良好而带微酸性的砂质土壤，在弱碱性的土壤上亦可生长；对有害气体的抗性较强。花期 3～4 月，果期 9～10 月。

价值　早春繁花满树，洁白如玉，硕大美丽，适作行道树、庭阴树、园景树或作切花；其花语为"报恩"，属我国传统的观赏花木；花蕾入药，具散风通窍功效；花被片可食。

繁殖　播种、扦插、嫁接繁殖。

国家重点保护野生植物

浙江省重点保护野生植物

其他珍稀植物

035　乳源木莲
Manglietia yuyuanensis Law

特征　常绿乔木，高达20m，胸径60cm。小枝有环状托叶痕。单叶互生；叶片薄革质，狭倒卵状椭圆形或狭长圆形，长8～14cm，宽2.5～4cm，先端渐尖或尾状渐尖，基部楔形或宽楔形，全缘，侧脉8～10对。花单生枝顶；花被片9枚，3轮，外轮3枚带绿色，里面2轮白色。聚合蓇葖果卵形或卵圆形，每蓇葖有3～4粒种子。种子鲜时红色。

分布　仅见于宁海，生于海拔300～400m的山坡、山谷常绿阔叶林中。产于湖州、杭州、衢州、金华、台州、丽水、温州等地，分布于华东及湖南南部、广东北部。

特性　要求温暖湿润的气候和雨量充沛、湿度较大的环境；林地土壤肥沃、湿润、疏松，枯枝落叶层松软，土壤为山地黄壤或黄棕壤，pH 5～6。花期3～5月，果期9～10月。

价值　我国特产树种。生长较快，树干通直，木材结构细致，软硬适中，易加工，变形小，为建筑、家具、细木工的优质用材；树体雄伟，叶色浓绿，花果艳丽，为优良的绿化观赏树种；果及树皮入药，主治肝胃气痛、脘肋作胀、便闭及老年干咳。

繁殖　播种、扦插或嫁接繁殖。

036 华南樟
Cinnamomum austro-sinense H. T. Chang

特征　常绿乔木，高达20m，胸径可达40cm。树皮灰褐色，平滑。幼枝略具棱脊而微扁，被平伏短柔毛。单叶近对生或互生；叶片薄革质至革质，椭圆形，长14~20cm，宽4~8cm，先端急尖至渐尖，基部圆钝，全缘，正面幼时有毛，后脱落，背面密被平伏短柔毛，三出脉或离基三出脉。圆锥状聚伞花序顶生，密被毛；花小，黄绿色。核果椭圆形，长约1cm。

分布　仅见于宁海，分布于海拔150m左右的沟谷常绿阔叶林中。产于温州、丽水及仙居；分布于华东、华南及贵州。

特性　喜温暖湿润的气候和疏松肥沃、排水良好的沙质土壤；中性树种，小树较耐阴，大树稍喜光，不耐寒冷及干旱。花期6~7月，果期10~11月。

价值　我国特有种，宁波为其分布北缘。叶片、树皮可提取芳香油，供药用或配制香精；木材结构细，纹理直，为建筑、家具及雕刻等的优良用材；树皮可代桂皮作烹饪调料；叶大阴浓，树冠端整，可供园林绿化。

繁殖　种子繁殖。

037 浙江樟
Cinnamomum chekiangense Nakai

特征 常绿乔木，高达18m。树皮平滑或圆片状剥落，有芳香及辛辣味；小枝绿色，幼时有毛，后渐脱落。单叶对生或近对生；叶片薄革质，长椭圆形、长椭圆状披针形，先端长渐尖或尾尖，基部楔形，正面深绿色，有光泽，离基三出脉不达叶先端。圆锥状聚伞花序腋生；花小，黄绿色。核果卵形至长卵形，长约15mm，熟时蓝黑色。

分布 见于除慈溪、江北外的各地山区，生于海拔100～600m的沟谷、山坡阔叶林中。产于浙江省各地山区；分布于华东、华中及台湾。

特性 喜温暖湿润的气候及疏松肥沃、排水良好的酸性土壤；幼时耐阴，大树喜光，不耐寒。花期4～5月，果期10～11月。

价值 材质优良；树皮、枝叶可提取芳香油供制香精；树皮可代桂皮作烹饪调料，入药具行气健胃、祛寒镇痛功效；树叶茂密，冠形优美，可供园林绿化。

繁殖 种子繁殖。

038 圆头叶桂
Cinnamomum daphnoides Sieb. et Zucc.

特征 常绿小乔木，高 4 ～ 10m。幼枝密被伏贴毛。单叶近对生、对生或互生，密集，斜上举；叶片硬革质，倒卵形至长圆形，长 2 ～ 4cm，宽 1 ～ 2cm，先端圆钝，基部楔形，边缘常反卷，幼时正面被紧贴柔毛，后秃净，光亮，背面密被淡黄至黄褐色绢毛，三出脉至近顶端联结。聚伞状圆锥花序密被绢毛；花小，两性，黄绿色。核果倒卵状椭圆形，长 11 ～ 13mm，径 8 ～ 9mm，亮紫黑色。种子具 7 ～ 8 条纵向条纹。

分布 仅见于象山南韭山岛，生于海拔 15 ～ 40m 的岩质海岸岩隙中或矮林中。日本九州近海岸地区至冲绳诸岛也有。

特性 本种在岩质海岸地区常成为群落上层的单优势种或建群种。在日本高可达 10m。萌芽力强，抗风，耐干旱瘠薄，耐海雾。花期 6 月，果期 10 ～ 12 月。

价值 为本次调查发现的中国分布新记录种。是典型的中国与日本间断分布种，之前被认为是日本特有种，它的发现，对东亚尤其是中国与日本植物区系的研究具有重要学术意义。该种在日本因被列为近危（NT）植物而备受关注。枝叶稠密，叶片光亮，树形优美，是滨海地区困难地绿化造林的优良乡土树种和园林观赏树种。据本次调查，该种仅 20 余株，处于极危状态，亟待保护。

繁殖方式 种子或扦插繁殖。

039 细叶香桂
Cinnamomum subavenium Miq.

特征 常绿乔木，高达 20m。树皮平滑，有芳香及辛辣味；小枝纤细，密被黄色平伏绢状短柔毛。单叶对生或近对生；叶片革质，椭圆形、卵状椭圆形或披针形，先端渐尖或急尖，基部楔形或圆形，幼时两面均被黄色平伏绢状短柔毛，后仅背面有毛，三出脉直达叶先端。圆锥状聚伞花序腋生；花小，淡黄色。核果椭圆形，长约 15mm，熟时蓝黑色。

分布 见于余姚、北仑、鄞州、奉化、宁海、象山，生于海拔 200～700m 的山坡或山谷阔叶林中。产于浙江省各地山区；分布于华东、华中、华南、西南。东南亚、中南半岛及印度也有。

特性 喜温暖湿润的气候；林地土壤肥沃，枯枝落叶层松软，土壤为沙性山地黄壤，pH5～6；中性树种。花期 6～7 月，果期 10～11 月。

价值 叶片、树皮可提取芳香油，供药用或配制香精；树皮可作桂皮代用品；树皮与根皮可入药，具行气健胃功效，主治风湿痹痛、创伤出血；木材坚硬、耐久、有香气，为建筑、车辆、家具等的高级用材。

繁殖 种子繁殖。果实呈蓝黑色时采收，用水浸润后搓去肉质外果皮，晾干，湿沙层积贮藏至春播。

040 红果山鸡椒
Litsea cubeba (Lour.) Pers. f. ***rubra*** G. Y. Li, Z. H. Chen et H. D. Li, f. nov. ined.

樟科
Lauraceae

特征　落叶灌木，高2～4m。小枝细瘦，无毛，绿色。单叶互生；叶片薄纸质，揉碎有明显香气，狭长圆形或披针形，正面深绿色，背面灰绿色，两面无毛，羽状脉，侧脉6～7对。雌雄异株；伞形花序；花小，黄绿色。核果近球形，径4～5mm，无毛，熟时红色，捏破后香气浓烈。

分布　仅见于余姚四明山，生于海拔300m左右的沟谷或山坡林中。

特性　喜温暖湿润的气候；极喜光，适生于土层深厚、排水良好的酸性土壤，较耐旱。头年9月萌发花芽，2～3月开花，3月中、下旬萌叶，9～10月果熟，10～11月叶变黄色，之后逐渐脱落。

价值　是本次调查发现的新变型。枝叶清秀，花色黄绿，果实红艳，可供园林观赏；花、叶和果皮可提制柠檬醛，供配制医药制品和香精等用；种子油可作工业用油；根、茎、叶、果均可入药，有祛风散寒、消肿止痛之效。

繁殖　播种繁殖。

041 滨海黄堇 异果黄堇

Corydalis heterocarpa Sieb. et Zucc. var. *japonica* (Franch. et Sav.) Ohwi

罂粟科
Papaveraceae

特征　二年生草本，高达 0.8m。全体无毛。茎粗壮，紫红色。叶互生；叶片二至三回羽状分裂，宽卵状三角形，长 10～25cm。总状花序直立，长 5～15cm，苞片全缘，披针形；花冠黄色，上花瓣长达 1.5cm，上部带紫色，距长 6～8mm，囊状，末端略下曲。蒴果狭披针形，多少呈念珠状，略弯曲，顶端细尖。种子二列或稍二列，扁圆形，黑色，表面密被柱状突起。

分布　仅见于象山，生于岩质海岸岩缝中或海边路旁。产于舟山、温州；分布于山东。日本也有。

特性　喜海洋性气候；喜光，耐旱，稍耐盐。3～5月开花，4～6 月果熟，7 月枯萎。

价值　植株较高大，茎紫红色，叶形清秀，花繁色艳，可供观赏，成片栽植，十分美丽，尤适于沿海地区美化。中国与日本共有种，在研究两地植物区系方面有学术价值。

繁殖　种子繁殖。

国家重点保护野生植物

浙江省重点保护野生植物

其他珍稀植物

042 异堇叶碎米荠
Cardamine violifolia O. E. Schulz var. *diversifolia* O. E. Schulz

十字花科
Cruciferae

特征 多年生草本，高 10～30cm。根状茎粗短；茎被柔毛，下部较密。三出羽状复叶或单叶，基生或在茎上互生；基生叶具长柄，顶生小叶片较大，近圆形或圆肾形，基部深心形，边缘具圆齿，侧生小叶片与其近同形而较小，基部近截形，叶片正面均被伏贴短毛，下面近无毛；茎生叶较小。总状花序顶生兼腋生；花小，萼片 4 枚；花瓣 4 枚，白色。长角果线形，稍扁，无毛，长约 3cm。

分布 见于余姚、北仑、鄞州，生于海拔 100～300m 的山沟水边或林下阴湿处。产于杭州（西湖、临安）；分布于安徽、湖北。

特性 喜温暖湿润的气候和疏松肥沃的土壤；耐阴，喜湿，不耐旱。花期 3～4 月，果期 4～5 月。

价值 我国特产植物。分布区较小，资源稀少。嫩茎叶可作菜食用。

繁殖 种子繁殖。

043 铺散诸葛菜 羽裂叶诸葛菜
Orychophragmus diffusus Z. M. Tan et J. M. Xu

特征　二年生草本。茎从基部多分枝，铺散，长20～40cm。全部叶大头状羽裂，顶生裂片心形或肾形，先端钝，基部心形，边缘具不规则粗齿，侧裂片2～6枚，斜椭圆形或卵形，近全缘或具齿，基部裂片较大，抱茎，正面疏生微柔毛，背面几无毛。总状花序具花6～15朵；花梗长10～15mm，疏生微柔毛；萼片淡绿或淡紫色；花瓣4枚，紫色，宽倒卵形，具长爪；4强雄蕊。长角果线形，长5～7cm，无毛，喙长8～10mm。种子长圆形，长约1.8mm，黄色。

分布　仅见于象山韭山列岛，生于山坡、沟谷草丛中。产于余杭；分布于上海佘山和江苏镇江。

特性　喜温暖湿润气候；喜光，稍耐阴，较耐旱，喜疏松肥沃土壤。花期4～6月，果期6～7月。

价值　华东特产种，分布区狭窄。宁波仅见于韭山列岛。花色艳丽，可供观赏；嫩叶可蔬食。

繁殖　播种繁殖。

国家重点保护野生植物

浙江省重点保护野生植物

其他珍稀植物

044　云南山萮菜
***Eutrema yunnanense* Franch.**

特征　多年生草本，高达 50cm。茎直立或斜升，较细弱。基生叶大，心状圆形，径可达 20cm，基部深心形，先端圆形或突尖，边缘有波状齿或牙齿，正面叶脉下陷；叶柄粗壮，鞘状，长达 35cm；茎生叶远较小，卵状三角形，基部截形至浅心形，先端急尖至渐尖，缘有粗大牙齿。总状花序顶生，花梗细长，花后常下弯；花小，白色，花瓣 4 枚。长角果圆柱形，稍呈念珠状。

分布　见于余姚、北仑、鄞州、奉化、宁海，生于海拔 150～600m 的山沟、山坡林下阴湿处。产于临安（西天目山）、莲都；分布于华东、华中、西南、西北。

特性　要求温暖湿润的气候和阴湿环境；喜疏松肥沃、排水良好的酸性土壤。花期 3～4 月，果期 5～6 月。

价值　我国特有种。本种在浙江极为稀见。可供阴湿林下或水边作地被；嫩叶可作菜食用。余姚四明山有一居群，植株及叶片均较大，是培育新型蔬菜的优良种质资源。

繁殖　分株或播种繁殖。

国家重点保护野生植物

浙江省重点保护野生植物

其他珍稀植物

045　黄山溲疏
Deutzia glauca Cheng

虎耳草科
Saxifragaceae

特征　落叶灌木，高达 2.5m。小枝无毛，中空。单叶对生；叶片卵形或卵状椭圆形，先端急尖或渐尖，基部宽楔形或圆形，边缘有小锯齿，正面疏生具 4 ～ 6 条辐射枝的星状毛，背面绿色，几无毛；叶柄长 4 ～ 11mm。圆锥花序顶生，长 5 ～ 10cm，无毛；花萼疏生星状毛，萼筒长约 2mm，裂片 5 枚，较萼筒稍短；花瓣 5 枚，白色；雄蕊 10 枚，花丝上部具 2 齿；子房下位，花柱 3 枚。蒴果半球形，径 6 ～ 9mm。

分布　见于余姚、鄞州，生于海拔 500 ～ 600m 的沟边灌丛中或毛竹林下。产于安吉、临安、淳安、开化；分布于华东及湖北。

特性　喜温凉湿润的气候和疏松肥沃的酸性土壤；喜光，亦能耐半阴。3 月下旬抽叶，5 ～ 6 月开花，9 ～ 11 月果熟，11 月中旬落叶。

价值　我国特有种，宁波仅见于 2 个分布点。花色洁白素雅，可供园林观赏。

繁殖　分株、扦插或播种繁殖。

046 短梗海金子
Pittosporum brachypodum G. Y. Li, Z. H. Chen et X. P. Li, sp. nov. ined.

特征 常绿灌木，高 1 ～ 2m。小枝灰褐色，无毛。单叶互生，常集生于枝顶；叶片薄革质，倒卵状披针形或倒披针形，先端渐尖，基部狭楔形，全缘，常呈微波状。伞形花序生于去年生枝顶端，无总梗；花未见。蒴果近球形，径约 1cm，基部具明显果颈，顶端有长 1 ～ 3mm 的尖喙，果梗粗短挺直，长不及 1cm，灰褐色。种子多数，鲜红色。

分布 仅见于宁海，生于海拔 400m 左右的山坡路边灌丛中。

特性 喜温暖湿润的气候和深厚肥沃的酸性土壤；喜光，稍耐阴。花期不详，果期 9 ～ 11 月。

价值 为作者本次调查发现的新种，宁波特有，数量极稀少，宜加保护。

繁殖 播种或扦插繁殖。

附注 本种形态与海金子 *P. illicioides* Makino 极相似，主要区别为后者花序生于当年生枝顶或叶腋，果梗细长下垂，长 2 ～ 4cm，绿色，蒴果无明显果颈。

047 台湾蚊母树
Distylium gracile Nakai

特征　常绿小乔木，高达 10m。嫩枝有褐色星状柔毛，老时秃净；裸芽有褐色星状绒毛。单叶互生；叶片革质，宽椭圆形，先端钝，具小突尖，基部宽楔形，全缘或近全缘，两面无毛，正面有光泽，侧脉 3～4 对；叶柄长 2～4mm。总状花序腋生；雄花无花瓣，花药紫红色。蒴果卵圆形，长约 1cm。

分布　见于鄞州天童和象山蚊虫山岛，生于低海拔的山坡或山脊阔叶林中；慈溪等地有栽培。产于普陀、平阳；分布于台湾。

特性　喜温暖湿润的气候和深厚肥沃的酸性土壤；中性树种，小树耐阴，大树较喜光；具较强的耐盐碱、抗烟尘、抗风、抗海雾、耐瘠薄等能力，萌蘖力强。3月下旬至4月上旬开花,4月上、中旬抽新叶,9～11月果熟。

价值　是浙江和台湾间断分布种，对两地植物区系的研究有学术价值。叶色浓绿，枝叶繁茂，树形优美，可供园林观赏；材质坚硬，可做器具、工艺品等。

繁殖　播种、扦插繁殖。

虫瘿

048　沼生矮樱
Cerasus jingningensis Z. H. Chen, G. Y. Li et Y. K. Xu

特征　落叶灌木，高2～3m。单叶互生；叶片卵形、卵状椭圆形或倒卵状椭圆形，先端渐尖或骤尖，基部宽楔形至近圆形，缘有单或重锯齿，齿端无腺体，正面叶脉下陷，背面沿脉疏被柔毛；叶柄紫红色，顶端两侧各具1～2枚腺体；托叶宿存。花序具花1～3朵，与叶同放；总梗极短或无；苞片叶状，宿存；花梗无毛；萼筒紫色，无毛，萼片花时平展，花后微反折；花瓣粉红色，基部无爪，先端微凹；雄蕊约20枚。核果紫黑色，卵圆形，长约8mm，两端微凹。

分布　见于奉化、宁海，生于海拔约600m的山脊林缘或山坡路旁。产于临安、龙游、景宁等地。

特性　喜凉爽湿润的气候；适应性较强，见于多种生境。3～4月开花抽叶，5月下旬至6月初果熟，10～11月落叶。

价值　浙江特有种。株型低矮，花色粉红，果熟时由紫红色转紫黑色，秋叶、树干紫红色，十分美丽，可供园林观赏或作樱花育种材料；果实味甜，可食。

繁殖　播种、扦插、嫁接繁殖。

049 大叶桂樱
Laurocerasus zippeliana (Miq.) Browicz

特征　常绿乔木，高达 25m。树皮块状剥落，呈现红褐色；小枝无毛。单叶互生；叶片革质，宽卵形至椭圆状长圆形或宽长圆形，先端急尖至短渐尖，基部宽楔形至圆形，缘具锯齿，两面无毛，正面有光泽，侧脉 7 ～ 13 对；叶柄无毛，顶端有 2 枚扁平腺体。总状花序单生或 2 ～ 4 个簇生于叶腋，被短柔毛；花小，白色，花瓣 5 枚。核果长圆形或卵状长圆形，长 18 ～ 24mm，熟时由红变黑，顶端急尖并具短尖头。

分布　见于北仑、宁海、象山，生于海拔 150 ～ 500m 的山坡、沟谷阔叶林中。产于温州、丽水及普陀；分布于华东、华中、华南、西南、西北。日本和越南北部也有。

特性　喜温暖湿润气候；在土层深厚、肥沃、疏松的立地中生长良好；中性偏阴树种，深根性，萌芽力较强。花期 7 ～ 10 月，果期翌年 1 ～ 4 月。

价值　宁波为其在我国东南沿海的分布北缘。树干红褐色，十分醒目，叶大亮绿，花白果红，为优良观赏树种；果实熟时可食。

繁殖　播种、扦插繁殖。

国家重点保护野生植物

浙江省重点保护野生植物

其他珍稀植物

050　**海刀豆** 狭刀豆
Canavalia lineata (Thunb. ex Murr.) DC.

特征　多年生草质藤本。茎粗壮，疏被倒伏短毛。三小叶复叶互生；小叶厚纸质，倒卵形、宽椭圆形或近圆形，先端圆或截平，有时微凹，基部圆形，两面稍有毛；托叶卵形，早落。总状花序，花1～3朵聚生于花序上部肥厚的节上；花冠蝶形，粉红色。荚果长椭圆形，长5～6cm，肥厚而稍扁，背缝线有3条纵肋，顶端具喙。种子大，椭圆形，褐色。

分布　仅见于象山，生于海岛的滨海沙滩、石滩内侧或山坡灌草丛中。产于温州（沿海各地）、舟山（嵊泗、普陀）和台州（大陈岛）；分布于福建、台湾、广东及海南沿海。南美及日本、印度、马来西亚也有。

特性　喜温暖湿润、日温差较小的海洋性气候；喜光，耐旱，耐盐，喜沙质土；自繁能力较强。4月上旬萌芽长叶，8～9月开花，9～11月果熟，12月地上部分枯萎。

价值　花繁色艳，非常美丽，可作地被或供盆栽观赏，也是滨海沙滩美化的极好材料。本种在宁波仅见于象山小岛上，资源极少。宁波为其在我国的分布北缘。

繁殖　播种繁殖。

051 **黄山紫荆** 浙皖紫荆
Cercis chingii Chun

豆科
Leguminosae

国家重点保护野生植物

浙江省重点保护野生植物

其他珍稀植物

特征　落叶灌木，高达 5m。部分侧枝常与主干呈直角状。单叶互生；叶片卵状心形至近肾形，先端急尖或圆钝，基部心形，稀近平截，背面脉腋有毛；掌状脉 5 条，叶柄两端膨大。花多朵簇生于老枝上，紫红色，先叶开放。荚果扁平，大刀状，长 6～8cm，先端具长喙，腹缝线无翅，开裂后果瓣扭曲，具种子 3～8 粒。

分布　仅见于奉化，生于低海拔的丹霞地貌向阳山坡灌丛中。产于金华及建德、诸暨、天台；分布于安徽、广东。

特性　喜温暖湿润的气候；极喜光，耐旱，耐瘠薄，喜酸性至中性土壤，多生于丹霞地貌上，常形成群落。3～4 月开花，4 月抽叶，9～10 月果熟，10 月下旬叶片变黄并开始落叶。

价值　我国特产树种。性极强健，叶形优美，繁花似锦，秋叶变黄，是极好的观赏树种，也是向阳荒山及贫瘠岩坡美化的优良树种；根皮可药用。

繁殖　播种、扦插或分株繁殖。

052 闽槐
Sophora franchetiana Dunn

特征　常绿灌木，高 0.5～2m。小枝、叶轴、叶柄、叶背、花萼、荚果均密被锈色绒毛。奇数羽状复叶互生；小叶 9～11 枚，互生，近革质，椭圆状长圆形或卵状长圆形，先端急尖至渐尖，基部圆形或宽楔形，正面具光泽。总状花序顶生；花白色，花冠蝶形；雄蕊 10 枚，分离或基部稍连合。荚果通常长圆形，内具种子 1 粒，或呈串珠状而具种子 2～3 粒，不裂，先端具粗长的喙。种子椭圆形，有光泽。

分布　见于余姚、北仑、奉化、象山，生于海拔 200～400m 的阴湿山沟林下。产于东阳、磐安、天台；分布于福建、湖南、广东。日本也有。

特性　喜温暖湿润气候；较耐阴，耐旱。5 月开花，9～10 月果熟，荚果可悬挂树上至翌年 5 月而不落。

价值　本种在浙江较为稀见，宁波为其在我国的分布北缘。中国与日本共有种，对两地植物区系的研究有学术价值。植株低矮，叶色亮绿，花朵洁白，可供园林观赏。

繁殖　播种、扦插或分株繁殖。

国家重点保护野生植物

浙江省重点保护野生植物

其他珍稀植物

053　蒺藜
Tribulus terrestris Linn.

蒺藜科
Zygophyllaceae

特征　一年生草本。茎由基部分枝，平卧地面；全体被白色硬毛或绢丝状柔毛。偶数羽状复叶互生；小叶对生，3～8对，长圆形，顶端锐尖或钝，基部近圆形，稍偏斜，全缘；托叶短刺状。花小，黄色，单生叶腋；萼片5枚，宿存；花瓣5枚；雄蕊10枚。果由5个分果瓣组成，径约1cm，每果瓣具长短棘刺各1对，背面有短硬毛及瘤状突起。

分布　仅见于象山，生于滨海沙滩内侧。产于金华及萧山、天台；分布于全国各地，长江以北最普遍。全球温带地区均有。

特性　性强健，耐干旱瘠薄，喜光，不择土壤，抗逆性强。花期5～9月，果期6～11月。

价值　果入药，有散风、平肝、明目功效；嫩茎叶可治皮肤瘙痒症；种子可榨油；茎皮纤维供造纸。浙江稀有种，宁波仅象山1个分布点。因人为生产活动频繁，已濒临绝迹。

繁殖　种子繁殖。

054　金豆
Fortunella venosa (Champ. ex Benth.) Huang

芸香科
Rutaceae

特征　常绿灌木，高 0.5～1.5m。叶腋有尖锐枝刺。单叶互生；叶片椭圆形，先端圆钝或微凹头，基部楔形，边缘具浅钝齿，具透明油点；叶柄无翅，与叶片连接处通常无关节。花小，单生或2～3朵腋生，白色，芳香。柑果熟时橙红色，近球形，径6～12mm，有2～3瓣瓤囊，果皮薄。

分布　见于宁海、象山，生于海拔300m以下的山坡林缘、海岸灌丛中或沟谷岩石旁。产于舟山、台州、温州等市的海岛及沿海山区；分布于江西、福建、湖南。

特性　喜温暖湿润气候；喜光，耐旱，耐瘠，稍耐盐。花期4～6月，果期10月至翌年2月。

价值　我国特有植物，宁波为其分布北缘。枝叶繁茂，花香袭人，果实红艳，经冬不凋，可作观果灌木、盆景，也可供盆栽观赏。因人为挖掘作盆景，资源近于枯竭。

繁殖　播种、扦插、嫁接繁殖。

055 日本花椒
Zanthoxylum piperitum (Linn.) DC.

特征　落叶灌木，高 1～3m。新枝常呈红色。奇数羽状复叶互生；总叶柄基部具 1 对红色的细长托叶刺，刺基常宽扁，在小叶着生处常有细刺，叶轴有狭翼；小叶 9～19（27）枚，对生，椭圆形或长卵形，对光可见稀疏透明油点，先端内凹，缘有锯齿，齿尖向叶面突起而使叶缘呈波状。雌雄异株；圆锥花序短小，生于侧枝顶端；雄花黄色，雌花红色。蓇葖果密集，近球形，紫红或红褐色。种子黑色。

分布　仅见于象山檀头山岛，生于山坡灌丛中。产于普陀东福山岛。日本、韩国也有。我国南方各地常作盆栽观赏而称作"胡椒木"，系本种的园艺品种。

特性　喜温暖湿润气候；喜光，也能耐半阴，生育适温为 20～30℃；耐热，耐寒，耐旱，抗风，不耐水涝；耐修剪，易移植；生长较慢。花期 3～4 月，果期 7～9 月。

价值　文献记载产于日本和韩国，最近作者在象山与普陀调查时相继发现有其分布，为中国分布新记录种。枝叶密集，新枝红色，叶小浓绿，果实艳丽，并能散发香味，为优良的观赏植物，适作造型、刺篱或盆栽；果、枝、叶可提取芳香油，入药有散寒止痛、消肿、杀虫等功效；嫩叶可腌食或炒食；果皮可代花椒作烹饪调料。

繁殖　扦插、播种、分株繁殖。

国家重点保护野生植物

浙江省重点保护野生植物

其他珍稀植物

056 茵芋
Skimmia reevesiana (Fort.) Fort.

特征　常绿灌木，高 0.5～1m。叶互生，常聚生于小枝顶端；叶片革质，长圆形，先端短渐尖，基部楔形，全缘或上部有少数浅锯齿。聚伞状圆锥花序顶生；花常为两性；花瓣 5（4）枚，白色或略带红晕。浆果状核果长圆形至近圆形，长 8～15mm，熟时深红色。

分布　见于余姚、宁海，生于海拔 600～800m 的山坡阔叶林下或沟边灌丛中。产于杭州、温州、衢州、台州、丽水等地；分布于华东、华中、华南、西南。东南亚也有。

特性　喜温暖湿润的气候、阴湿的环境和深厚肥沃的土壤；耐阴性强，稍耐寒，不耐旱。花期 4～5 月，果期 9～11 月。

价值　四季常绿，初夏白花芳香宜人，入秋红果鲜艳夺目，可作观果灌木、地被或花境，也可供盆栽观赏；叶入药，有祛风除湿功效。

繁殖　播种、扦插繁殖。

附注　果有毒，不可食用。

057　山乌桕

Sapium discolor (Champ.) Muell.-Arg.

特征　落叶乔木，高达 15m。单叶互生；叶片椭圆状卵形，纸质，先端急尖或短渐尖，基部宽楔形或近圆形，全缘，正面深绿色，背面粉绿色；叶柄细长，常带红色，顶端有 2 枚腺体。花单性，雌雄同株；花小，无花瓣及花盘；穗状花序顶生，直立，黄绿色。

蒴果球形，径 1～1.5cm。种子被白色蜡层。

分布　仅见于宁海，生于海拔约 200m 的山谷林中或岩缝中。产于金华、丽水、温州；分布于华东、华南、西南。东南亚及印度也有。

特性　要求温暖湿润的气候和土壤肥沃、阳光充足的低山环境；较耐旱。3～4 月发叶，5～6 月开花，10～11 月果熟，11 月初叶片变紫红色并逐渐脱落。

价值　宁波仅发现 1 个分布点，为本种在我国的分布北界。木材可制火柴杆和木箱；根皮及叶可作药用，治跌打扭伤、痈疮、毒蛇咬伤及便秘等；种子油可制肥皂；树形优美，新叶紫红色，秋叶绚丽，是极好的观赏树种；优良的蜜源植物。

繁殖　播种繁殖。

058 琉球虎皮楠 兰屿虎皮楠
Daphniphyllum luzonense Elmer

特征　常绿灌木或小乔木，高 1 ~ 5m。全体无毛；小枝粗壮，髓心片状。单叶互生，常聚生于枝顶；叶片厚革质，长圆形或长椭圆形，长 4.5 ~ 8cm，宽 2.0 ~ 3.5cm，边缘显著反卷，全缘，先端钝尖，基部近圆形，正面具光泽，背面粉绿色，具细小乳头状突起，侧脉两面隆起，9 ~ 12 对，网脉明显；叶柄粗壮，长 1.4 ~ 2.6cm。总状花序腋生；花单性异株；雄花序中下部的花稀疏着生，近顶部的花簇生状或近轮生状；花无花被；雄蕊 3 ~ 8 枚，深紫色，椭圆形，几无花丝。果序长 3.5 ~ 5.5cm，果梗长约 1cm，基部有关节；核果椭圆形，长约 1.1cm，径约 0.7cm，熟时紫褐色，具微颗粒状突起；果核黑色，长约 9mm，径约 6mm，内果皮表面有不规则瘤突。

分布　仅见于象山铜山岛，生于滨海山坡灌丛中、林中或岩质海岸石缝中，系滨海常绿灌丛的建群种之一。产于普陀（珞珈山、桃花岛）、温岭（积谷山岛、竹岛）；分布于台湾（兰屿）。日本（琉球）也有。

特性　喜海洋性湿润气候；喜光，耐旱，耐瘠，耐海雾，抗风。花期 4 月，雄花偶见于 12 月，果期 10 ~ 12 月。

价值　株型紧凑，枝叶密集，叶色亮绿，新叶淡红，适作滨海地区绿化及海岸水土保持林的造林树种；具有开发为优良园林树种的潜在价值；本属植物多含生物碱，可供药用。间断分布于中国大陆、台湾省和日本，在研究三地植物区系方面具科学价值。为本次调查发现的中国大陆新记录种。

繁殖　扦插、播种繁殖。

059 皱柄冬青 盘柱冬青
Ilex kengii S. Y. Hu

特征 常绿小乔木，高 4 ～ 12m。小枝较细，无毛，常带紫色。单叶互生；叶片薄革质，椭圆形、宽椭圆形或卵状椭圆形，先端尾尖或渐尖，基部楔形至近圆形，全缘，正面中脉隆起，背面有腺点，两面无毛；叶柄正面有狭沟，背面干时具皱褶。雌雄异株，花序簇生于叶腋。果小，球形，熟时红色，径约 3mm；宿存柱头厚盘状。分核 4。

分布 仅见于鄞州，生于海拔 200m 左右的阔叶林中。分布于江西、福建、广东、广西和贵州。

特性 喜温暖湿润的气候和疏松肥沃、排水良好、微酸性的土壤；喜光，小树耐阴。花期 5 月，果期 8 ～ 11 月。

价值 中国特产树种；宁波天童为其模式产地和分布北缘，浙江仅分布于此。树形美观，果实红艳，可供园林观赏。

繁殖 播种、扦插繁殖。

060 矮冬青
Ilex lohfauensis Merr.

特征 常绿灌木或小乔木，高1～4m。小枝较细，密被短柔毛。单叶互生；叶小，叶片椭圆形或长圆形，先端微凹，基部楔形，全缘，两面沿脉有毛，中脉两面稍突起，侧脉不明显；叶柄极短，有毛。雌雄异株，花序簇生于叶腋。果小，球形，红色，径约4mm。分核4。

分布 仅见于宁海，生于海拔300m左右的沟谷阔叶林中。产于金华、丽水、温州；分布于华东、华南及湖南、贵州。

特性 喜温暖湿润的气候和疏松肥沃、排水良好的酸性土壤；耐阴。花期6～7月，果期8～12月。

价值 中国特产植物。宁波仅见于1个分布点，且为其分布北缘，个体极稀少。叶小枝密，果实红艳，可供园林观赏，宜作绿篱、造型或盆景，也可矮化作地被。

繁殖 播种、扦插繁殖。

061　海岸卫矛
Euonymus tanakae Maxim.

特征　常绿灌木或乔木，高 2 ～ 12m。芽鳞多数；小枝圆柱形，绿色，无毛。单叶对生或 3 叶轮生；叶片薄革质，狭长椭圆形或倒卵状椭圆形，先端急尖至短渐尖，基部窄楔形至楔形，边缘具细钝锯齿，中脉两面突起，侧脉与网脉细弱而清晰；叶柄长 1 ～ 2cm。聚伞花序多个腋生，通常具花 3 ～ 7 朵；花白色或绿白色，径约 1 cm；花瓣 4 枚，质厚，近圆形；雄蕊 4 枚，生于花盘上；子房十字形板根状隆起，花柱柱状。蒴果近球形，径约 1cm，熟时 4 裂。种子黑色，具橙红色假种皮。

分布　见于镇海、奉化、宁海、象山，生于岩质海岸灌丛中。产于舟山、台州、温州沿海及海岛；分布于台湾。日本也有。

特性　喜温暖湿润的海洋性气候；喜光，也能耐阴，稍耐盐。花期 6 ～ 7 月，果期 9 ～ 11 月。

价值　间断分布于我国浙江与台湾及日本，在研究三地植物区系方面有学术意义。树形美观，秋叶紫红色，可供园林观赏，尤适于滨海地区绿化。

繁殖　播种、扦插繁殖。

国家重点保护野生植物

浙江省重点保护野生植物

其他珍稀植物

062　**毛果槭**
Acer nikoense Maxim.

特征　落叶乔木，高达 15m。三出复叶对生；小叶近等大，厚纸质，长圆状椭圆形或长圆状披针形，先端锐尖，顶生小叶具柄，侧生者近无柄，基部偏斜，边缘具疏钝齿，两面有毛，脉上较密，侧脉 14～16 对，背面极明显。聚伞花序顶生，通常仅具 3 朵花。双翅果，两翅张开成直角或钝角，小坚果近球形，强烈突起，幼时有淡黄色绒毛。

分布　仅见于余姚四明山，生于海拔 700m 左右的山脊灌丛中。产于安吉、临安；分布于安徽、江西、湖南、湖北、四川。日本也有。

特性　喜温凉湿润的气候及疏松肥沃、排水良好的山地黄壤；喜光，耐半阴。4 月开花抽叶，10 月果熟，10～11 月叶变色并陆续脱落。

价值　本种自中国西南经华中、华东至日本的链状分布格局在研究植物地理、物种起源及迁徙等方面有学术价值，而在宁波的发现又增加了分布链上的一个点。秋叶呈现紫红色，十分醒目，是优良的秋色叶树种；本种在日本民间被视为良药，称为"眼药树"，其树皮及根皮煎汤洗眼可治眼疾，并用于治疗肝病。

繁殖　播种、扦插繁殖。

国家重点保护野生植物

浙江省重点保护野生植物

其他珍稀植物

063　马甲子
Paliurus ramosissimus (Lour.) Poir.

特征　落叶灌木，高达 4m。幼枝密生锈色短绒毛，后脱落，中下部侧枝通常横展或弧曲向下。单叶互生；叶片宽卵形或卵状椭圆形，先端圆钝，基部圆形或宽楔形，缘有细圆齿，基出三出脉；叶柄基部有 2 枚不等长的托叶刺。聚伞花序腋生；花小，黄绿色。核果碗状，顶端平截，周围有不明显 3 裂的木栓质狭翅，径 1 ～ 1.8cm，密生褐色短毛。

分布　见于北仑、奉化、宁海、象山，生于岩质或沙质海岸边；慈溪、余姚有栽培。产于普陀、平阳、苍南；分布于华东、华中、华南、西南。朝鲜、日本也有。

特性　适应性强，病虫害少，耐旱，耐瘠，耐盐。3 月下旬至 4 月上旬抽生新叶，7 ～ 9 月开花，9 ～ 11 月果熟（可在枝上宿存至翌年 5 月），11 月落叶。

价值　根、刺、叶、花、果可入药，有解毒消肿、活血祛寒之效；耐修剪，园林中可作刺篱，尤其适宜滨海地区荒山造林应用；种子油可制蜡烛。

繁殖　播种、分株或扦插繁殖。

国家重点保护野生植物

浙江省重点保护野生植物

其他珍稀植物

064 尼泊尔鼠李 染布叶
Rhamnus napalensis (Wall.) Laws.

特征　常绿攀援藤本。无枝刺。单叶互生；叶片厚纸质或近革质，大小不等，通常宽椭圆形或椭圆状长圆形，先端短尖、渐尖或圆形，基部圆形，边缘具圆钝齿，正面深绿色，有光泽，背面仅脉腋被簇毛，侧脉 5～9 对，正面中脉下陷。聚伞总状花序或聚伞圆锥花序腋生；雌雄异株。核果倒卵状球形，长约 6mm，具 3 分核，由绿转红再变紫黑色。

分布　仅见于宁海，生于海拔 200m 左右的山谷林中。产于台州、温州、衢州、丽水；分布于华东、华中、华南、西南。东南亚、南亚也有。

特性　喜温暖湿润的气候；适应性较强，对土壤要求不严，耐半阴。花期 7～8 月，果期 10～12 月。

价值　宁波为其在我国的分布北界，仅发现于 1 个分布点，植株极少。叶色亮绿，果色多变，可供园林观赏；叶汁可用于染布；果及叶煎汁外洗可治疮疥。

繁殖　播种、扦插繁殖。

065 猴欢喜

Sloanea sinensis (Hance) Hemsl.

特征 常绿乔木，高达 15m。单叶互生，常聚生于小枝上部；叶片狭倒卵形，全缘或中部以上有钝齿；叶柄顶端膨大。花数朵生于枝顶或叶腋，绿白色。蒴果卵球形，径 3～5cm，密被长刺毛，熟时紫红色，5～6 瓣裂，裂后内面紫色。种子有红色假种皮。

分布 仅见于宁海浙东大峡谷，生于低海拔的山谷阔叶林中。产于金华、衢州、台州、丽水、温州及淳安；分布于华东、华南及湖南、贵州。东南亚也有。

特性 喜温暖湿润的气候及深厚肥沃、排水良好的酸性土壤；中性偏阳，不耐干旱和强光；深根性，侧根发达，萌蘖性强；前期生长较快。花期 6～8 月，果期 10～11 月。

价值 宁波为其在我国的分布北缘，仅有 1 个分布点。木材色泽艳丽，花纹美观，坚韧硬重，为优良的用材和菇木树种；树皮和果壳含鞣质，可提制栲胶；树形美观，四季常青，并有零星红叶，果实奇特而艳丽，是优良的园林观赏树。

繁殖 播种、扦插繁殖。

066 日本厚皮香
Ternstroemia japonica (Thunb.) Thunb.

特征　常绿小乔木或灌木状，高 1～6m。全体无毛。单叶互生；叶片革质，长椭圆状倒卵形或倒卵形，先端钝圆或急钝尖，基部楔形并下延，全缘，正面光亮，中脉在正面微凹，侧脉不明显；叶柄带红色。花单朵侧生于无叶枝上或生于叶腋；花小，淡黄白色，花梗略下弯。果实卵状球形至卵状椭圆形，红色，径 10～12mm，顶端具宿存花柱。

分布　仅见于象山，生于海边山坡林中或岩缝中。舟山也有发现；分布于台湾。日本及韩国也有。

特性　喜温暖湿润、雨量较丰富的海洋性气候和疏松肥沃、排水良好的酸性土壤；喜光，耐旱，耐海雾，抗风。花期 6～7 月，果期 9～10 月。

价值　是本次调查发现的中国大陆分布新记录种，分布区狭窄，资源稀少。树叶茂密，冠形优美，终年常绿，叶片质厚且富有光泽，常有零星红叶，是优良的园林观赏树种，各地园林中常有栽培（引自日本）。

繁殖　播种或扦插繁殖。

国家重点保护野生植物

浙江省重点保护野生植物

其他珍稀植物

067　三蕊沟繁缕
Elatine triandra Schkuhr

特征　一年生水生或湿生草本。茎纤细，匍匐状，多分枝，节上生根，无毛。叶小，对生；叶片卵状长圆形、披针形或条状披针形，先端钝，基部楔形，全缘；无柄或几无柄；托叶小，早落。花极小，单生于叶腋，无梗或近无梗；花瓣3枚，白色或淡红色。蒴果扁球形，熟时3瓣裂。种子多数，具细密的六角形网纹。

分布　见于北仑、鄞州，生于低海拔的山脚浅水小山塘中。产于普陀桃花岛；分布于东北、华南及福建。世界广布。

特性　喜生于湿地及浅水池沼中；喜半阴，忌化学污染，不耐旱。花果期6～10月。

价值　该种最早发现于舟山桃花岛，但现已难觅踪影。宁波是在浙江发现的第2个分布点，也是宁波市科的新记录，极为罕见。该种对水体污染较敏感，处于濒危状态。

繁殖　播种、分株繁殖。

068 菱叶常春藤
Hedera rhombea (Miq.) Bean

特征 常绿攀援藤本。枝具气生根。单叶互生，革质；叶二型：营养枝上的叶3～5裂或呈三角形及五角形；果枝上的叶不裂，菱状卵形、卵状三角形、菱形或菱状披针形，先端渐尖，基部阔楔形、圆形至浅心形，全缘。伞形花序组成圆锥状，顶生；花小，黄绿色。浆果球形，径6～7mm，紫黑色，顶部有一圈萼痕，花柱宿存。

分布 见于慈溪、镇海、北仑、象山，生于海岛或大陆海岸山坡林中，攀援于岩石或树干上。产于舟山、台州。日本、朝鲜也有。

特性 喜海洋性气候和半阴环境；生性强健，对土壤要求不严，较耐寒，耐瘠。花期10～11月，果期翌年3～5月。

价值 典型的滨海植物，为中国、日本、朝鲜共有种，对三地植物区系的研究有学术价值。叶可入药，具祛风、活血、通络功效；四季常绿，叶形多变，可用作垂直绿化、地被植物，也可供室内盆栽观赏。

繁殖 播种、扦插、压条繁殖。

069　明党参　明沙参
Changium smyrnioides Wolff

特征　多年生草本，高 50～100cm。全体无毛，具白霜。主根粗壮，纺锤形或细长圆柱形，外皮黄褐色，里面白色。茎直立，具细纵条纹，中空，分枝疏展。基生叶叶柄长 4～20cm；叶片二至三回三出羽状全裂；茎上部叶缩小呈鳞片状或鞘状。复伞形花序顶生兼侧生，侧生花序多数不育；花瓣白色。果实卵圆形或卵状长圆形。

分布　仅见于奉化，生于低海拔山沟多砾石的灌丛中。产于浙江省山区、半山区；分布于江苏、安徽、江西、湖北。

特性　喜温暖湿润的气候；较耐阴，耐旱，对土壤类型要求不严，但以深厚为好。3 月初萌芽抽叶，4～5 月开花，5～6 月果熟，9 月地上部分枯萎。

价值　中国特产种。宁波仅见于 1 个分布点，数量稀少。根入药，治风湿、腰膝酸痛及头痛等；嫩叶及肉质根可作菜；植株高大，叶色灰绿，花小洁白，可供园林观赏。

繁殖　播种繁殖。

070 短毛独活
Heracleum moellendorffii Hance

特征 多年生草本，高 1～2m。全体有柔毛。根粗壮，肉质，圆锥形，多分枝。基生叶宽卵形，三出羽状全裂，裂片 5～7 枚，宽卵形或近圆形，不规则 3～5 浅裂至深裂，缘有尖锐粗大锯齿；叶柄长 5～25cm；茎上部叶有扩大的叶鞘。复伞形花序；总苞片 5 枚，小总苞片 5～10 枚，均为条状披针形；伞幅 12～35 条；花 20 余朵，白色，花序外围的花较大，且其外侧的 1～2 枚花瓣也较大，2 深裂。双悬果长圆状倒卵形，长 6～8mm，扁平，有纵棱及短毛。

分布 仅见于象山渔山列岛和韭山列岛，生于山坡草丛中或疏林下。产于临安、普陀、椒江；分布于华东、华北、东北及陕西、四川。日本、朝鲜也有。

特性 适应性强，要求土壤深厚；喜光，稍耐旱。3 月上旬抽芽发叶，4～6 月开花，6～7 月果熟，果实多不发育，果后地上部分枯萎。

价值 根入药，可治风湿、腰膝酸痛及头痛等；植株高大，花朵密集，花色洁白，可供园林观赏。

繁殖 播种繁殖。

071　紫花山芹

Ostericum atropurpureum G. Y. Li, G. H. Xia et W. Y. Xie

伞形科
Umbelliferae

特征　多年生草本，高达 80cm。茎具纵条棱。基生叶的叶柄三棱形，长达 10cm，基部扩大成鞘；叶片三角形，二至三回三出全裂，末回裂片卵形至菱状卵形，无毛，先端渐尖，基部楔形至宽楔形，边缘具齿；茎上部叶渐小，无柄。复伞形花序顶生，稀侧生；总苞片 3 ～ 6 枚，条形至披针形，不等长；伞幅 5 ～ 9 条；小总苞片 7 ～ 9 枚，条形；小伞形花序有花 7 ～ 14 朵，花梗不等长；花瓣紫色，倒卵形，顶端钝至微凹，有内折的小舌片。果实阔椭圆形，长 7 ～ 9mm，宽 4 ～ 6mm，背棱与侧棱翅状，近等宽。

分布　见于余姚、奉化，生于海拔 600 ～ 800m 的沟谷、山坡疏林下或路边。产于新昌。

特性　喜温凉湿润的气候和疏松肥沃、排水良好的酸性土壤；稍耐阴，不耐旱，较耐寒。4 月上旬抽芽发叶，8 月开花，10 ～ 11 月果熟，11 月地上部分枯萎。

价值　为作者本次调查发现并发表的新种，浙江特产。花色深紫，果形特异，可供观赏。

繁殖　播种、组培繁殖。

国家重点保护野生植物

浙江省重点保护野生植物

其他珍稀植物

072　朝鲜茴芹
Pimpinella koreana (Y. Yabe) Nakai

特征　多年生草本，高达 40 ～ 60cm。侧根须根状；茎圆柱形，上部具 2 ～ 3 分枝。基生叶叶柄长 5 ～ 12cm，基部扩大成鞘；叶片一至二回三出分裂，裂片卵形至长卵形，顶端长尖，基部截形或楔形，边缘具齿，脉上有毛；茎上部叶较小，无柄，裂片披针形。复伞形花序顶生兼侧生；通常无总苞片，稀 2 ～ 5 枚；伞幅 5 ～ 15 条，不等长；小总苞片 2 ～ 6 枚；小伞形花序有花 10 ～ 20 朵；萼齿披针形；花瓣白色，卵形，顶端微凹，有内折的小舌片。果实卵球形，光滑无毛，果棱线形。

分布　仅见于奉化，生于海拔 600m 左右的沟谷阴湿林下。产于临安。日本、朝鲜也有。

特性　喜温暖湿润的气候和疏松肥沃的山地土壤；耐阴，不耐旱，较耐寒。4 月上旬抽芽发叶，7 ～ 8

月开花，10 ～ 11 月果熟，果后地上部分枯萎。

价值　在我国仅产于浙江，间断分布于中国浙江和日本及朝鲜，在研究三地植物区系的关系方面有学术价值。宁波仅见于 1 个分布点，为该种的分布南缘。

繁殖　播种、组培繁殖。

073　球果假沙晶兰
Monotropastrum humile (D. Don) Hara

鹿蹄草科
Pyrolaceae

特征　多年生腐生草本，高 6 ～ 15cm。根与共生菌交结成鸟巢状菌根。地上部分无叶绿素，鳞片状叶无柄，互生于圆柱状茎上；叶与茎均为肉质，白色，半透明，干后变黑。花单生茎顶，俯垂，钟形，白色；萼裂片鳞片状，2 ～ 5 枚；花瓣 3 ～ 5 枚；雄蕊 8 ～ 12 枚，花药淡黄至棕黄色，横裂；子房 1 室，侧膜胎座，表面光滑，花柱极短，柱头肥大，漏斗状，铅蓝色。浆果弯垂。种子多数，椭圆形，具网纹。

分布　见于鄞州、宁海，生于海拔 300 ～ 600m 的山坡阔叶林下腐殖质丰富之处。产于杭州、金华、丽水；分布于东北及湖北、云南、西藏、台湾。东南亚、南亚及日本、朝鲜和俄罗斯远东地区也有。

特性　本种特性非常独特，喜生于阴凉潮湿、多腐殖质的阔叶林下，依靠特殊的菌体方能生存，全体无叶绿素，不能营光合作用，自腐烂的植物根部获取养分。花期 4 ～ 5 月，果期 6 ～ 7 月，果后地上部分即腐烂变黑。

价值　野外较为罕见，宁波目前仅发现 2 个分布点。全草入药，具补虚止咳功效；形态奇特，具特殊观赏价值。

繁殖　目前尚难以人工繁殖，仅供野外观赏。

074 淡红乌饭树
Vaccinium bracteatum Thunb. var. *rubellum* Hsu, J. X. Qiu, S. F. Huang et Y. Zhang

杜鹃花科
Ericaceae

特征　常绿灌木。单叶互生；叶片革质，椭圆状卵形、狭椭圆形或卵形，顶端急尖，基部宽楔形，边缘有细齿，正面有光泽，背面中脉具等距小刺突。总状花序腋生，花梗下垂；苞片小型，叶状，宿存；花萼5浅裂；花冠淡红色，筒状狭卵形。浆果球形，径4～6mm，熟时紫黑色，稍被白粉。

分布　仅见于慈溪、奉化，生于海拔100～200m的山坡灌丛中。产于苍南、温岭；分布于江西分宜。

特性　要求温暖湿润气候；喜光，稍耐阴，多生于酸性土壤中，较耐瘠薄，耐旱，忌积涝。花期6月（偶10月开花），果期10～11月。

价值　四季常绿，花色淡红，十分可爱，可供观赏；嫩叶可炒食、做乌米饭或提取食用色素；果味甜，可生食；果、叶入药，果能健脾益肾，叶能明目乌发。浙江、江西特产，宁波为其分布北缘，资源极少，宜加保护。

繁殖　扦插、播种繁殖。

国家重点保护野生植物

浙江省重点保护野生植物

其他珍稀植物

075 **百两金**
Ardisia crispa (Thunb.) A. DC.

特征 常绿灌木,高50～100cm。不分枝。单叶互生,集生枝顶;叶片狭长,先端长渐尖,基部楔形,全缘或波状,边缘腺点明显,背面有黑色腺点,侧脉8～10对,不连成边脉。花序近伞形,顶生于通常无叶的侧生花枝上;花冠5深裂,白色或略带红色。核果球形,径4～6mm,鲜红色。

分布 见于余姚、鄞州、宁海,生于海拔300～400m的沟谷阴湿林下。产于丽水及临安、仙居、泰顺;分布于长江流域及广东、广西等地。日本、印度尼西亚也有。

特性 要求温暖湿润的气候;耐阴,喜湿,喜深厚且排水良好的中性或微酸性土壤。花期5～6月,果期10～12月,有时花果同存。

价值 宁波仅有3个分布点,数量极为稀少。枝叶清秀,果实红艳,极具观赏价值,可供庭院栽植或室内盆栽;全株入药,有祛痰止咳、活血消肿等功效;种子含油20%～25%,可制肥皂。

繁殖 播种或扦插繁殖。

076 多枝紫金牛 东南紫金牛
Ardisia sieboldii Miq.

特征　常绿小乔木，高 4～10m。树皮灰白或灰褐色；多分枝；顶芽具锈色绒毛。单叶互生，集生枝顶；叶片近革质，倒卵形或倒卵状椭圆形，先端钝或近圆形，基部楔形，全缘，背面被褐色鳞片，侧脉多数，连成不明显的边脉。花序复伞形或复聚伞状，多个腋生于近枝端；花冠白色。核果球形，径 5～7mm，熟时由红色转为紫褐色。

分布　仅见于象山韭山列岛，生于海岸边岩缝中。产于舟山、温州；分布于福建、台湾。日本也有。

特性　喜温暖湿润的海洋性气候；耐阴，喜湿，喜深厚肥沃、排水良好的中性或微酸性土壤，抗风，耐海雾。花期 6 月，果期 12 月至翌年 2 月。

价值　典型的滨海树种，间断分布于中国（大陆、台湾）和日本，对三地植物区系的研究有学术价值。浙江资源极少。枝叶茂密，花色洁白，可供园林观赏，也是沿海地区阴湿环境美化的优良树种。

繁殖　播种、分株或扦插繁殖。

国家重点保护野生植物

浙江省重点保护野生植物

其他珍稀植物

077 狭叶珍珠菜
Lysimachia pentapetala Bunge

特征 一年生草本，高40～60cm。茎直立，圆柱形，中上部多分枝，常呈紫色。单叶互生；叶片条状披针形或条形，先端长渐尖，基部下延，全缘，背面常有红褐色腺点；叶柄极短或近无。总状花序顶生；花冠白色，5裂。蒴果球形，径约3mm，熟时5瓣裂，花柱宿存。

分布 见于鄞州、奉化交界处，生于丹霞地貌区海拔约100m的路边草丛中。产于杭州玉泉；分布于东北、华北、西北、华中及安徽、山东。

特性 生性强健，喜光，耐旱，耐瘠。花期8～9月，果期10～11月，果后全株枯萎。

价值 本种在浙江极为稀见，宁波为其分布南缘。茎紫色，叶绿色，花序白色，清秀可爱，可供观赏。

繁殖 播种、组培繁殖。

078 中华补血草
Limonium sinense (Girard) O. Kuntze

蓝雪科
Plumbaginaceae

特征　多年生草本，高 20～60cm。全体无毛。叶基生，莲座状；叶片匙形、倒卵状披针形至长圆状披针形，先端钝圆，基部下延，边缘具微齿，三出脉；叶柄基部鞘状。花密集排成圆锥状花序；花萼白色，漏斗状，具 5 棱，顶端 5 裂；花冠 5 深裂，黄色。蒴果圆柱形。

分布　见于奉化、宁海、象山，生于海边含盐量较高的滩涂上或岩缝中。产于舟山、台州、温州沿海；分布于我国大陆东部沿海地区及台湾。日本、越南也有。

特性　喜温暖湿润的海洋性气候；多生于滨海盐碱地及沙碱地，含盐量 0.6%～0.8%、有机质含量 0.3%～0.5% 的土壤，为盐碱地指示植物。花期 5～7 月，果期 7～9 月。

价值　花色悦目，清秀可爱，宜作花境、盆栽、切花、干花，尤宜作滨海盐碱地美化；全草民间作药，具清热、止血、祛湿功效。

繁殖　播种、分株、组培繁殖。

国家重点保护野生植物

浙江省重点保护野生植物

其他珍稀植物

079 百金花
Centaurium pulchellum (Swartz) Druce var. *altaicum* (Griseb.) Kitag. et Hara

龙胆科
Gentianaceae

特征　一年生草本，高 10～25cm。全体无毛。上部具分枝。单叶对生；基生叶椭圆形，茎生叶椭圆状披针形，先端急尖或圆钝，三出脉；无叶柄。花数朵组成顶生疏散的聚伞花序，花梗细，长 4～7mm；花冠高脚碟状，顶端 5 裂，桃红色或白色。蒴果椭圆形，长 5～7mm。种子小，球形，表面具皱纹。

分布　仅见于镇海，生于低海拔的水边草地、沙滩地、田野或海边。产于萧山；广布于全国各地。俄罗斯、印度等地也有。

特性　适应性较强，喜湿，耐旱，喜光，耐寒。花果期 7～9 月。

价值　本种在浙江极为稀见，宁波也仅发现 1 个分布点。全草入药，主治胆囊炎、肝炎、黄疸、头痛、发烧、咽喉肿痛等症；植株小巧，花朵美丽，可供观赏。

繁殖　种子繁殖。

080 小荇菜
Nymphoides coreanum (Lévl.) Hara

特征 多年生水生草本。茎细长，形似叶柄，节下生根。叶少数，卵状心形或圆心形，径 2 ～ 6cm，基部深心形，全缘，叶背密布淡黄色腺体；叶柄不等长，长 1 ～ 10cm，具关节。花少数至多数，在节上簇生；花梗长 1 ～ 3cm；花冠白色，径约 9mm，4 或 5 裂，裂片边缘撕裂状。蒴果椭圆形，长 4 ～ 5mm。种子小，有光泽。

分布 仅见于鄞州龙观，生于低海拔的山脚浅水小池塘中。产于松阳；分布于台湾、辽宁。俄罗斯、日本、朝鲜也有。

特性 喜温暖湿润的气候；喜湿，不耐旱，喜半阴，喜肥。花期 8 ～ 11 月，果期 10 ～ 12 月。

价值 该种为近年发现的浙江分布新记录，宁波为浙江第 2 个分布点，数量稀少。其岛屿状分布格局对植物区系的研究有学术价值。植株小巧清秀，可供水体美化。

繁殖 播种或扦插繁殖。

081　金银莲花
Nymphoides indica (Linn.) O. Kuntze

龙胆科
Gentianaceae

特征　多年生水生草本。茎细长，不分枝，形似叶柄，顶生一叶。叶片大小不一，卵状心形或椭圆形，长 7～20cm，先端圆形，基部深心形，全缘，叶背带紫色；叶柄不等长，长 0.5～3cm，基部扩大成耳状。伞形花序腋生节上，常有不定根与花梗混生；花梗长短不一，长 3～7cm；花冠较大，白色，基部带黄色，4～6 深裂，裂片边缘流苏状。蒴果近球形，径 4～5mm。种子小，光滑无毛。

分布　仅见于鄞州东钱湖，生于低海拔的湖边浅水中。产于杭州；分布于南北各地。全球广布。

特性　喜温暖湿润的气候；喜湿，不耐干旱和污染。花期 8 月，果期 9～10 月。

价值　该种在浙江野外极为稀见，宁波也仅有 1 个分布点，数量稀少。植株清雅，碧叶心形，白花点点，形态颇为可爱，是水体美化的优良材料。

繁殖　播种或扦插繁殖。

国家重点保护野生植物

浙江省重点保护野生植物

其他珍稀植物

082 鹅绒藤
Cynanchum chinense R. Br.

萝藦科
Asclepiadaceae

特征 草质缠绕藤本。全株被短柔毛。主根圆柱状。单叶对生；叶片宽三角状心形，先端渐尖或长渐尖，基部深心形，全缘，背面苍白色，两面有短柔毛，沿脉较密，侧脉约 10 对；叶柄长 2～3cm。伞形聚伞花序腋生，两歧，有花 10～20 朵；花冠白色，5 裂，裂片披针形；副花冠杯状，上端裂成 10 个丝状体，分 2 轮，外轮较长。蓇葖果双生或仅 1 个发育，狭长圆柱形，长 9～11cm。种子有白色种毛。

分布 见于慈溪、北仑、象山，生于滨海荒地、路边或盐碱地草丛中。产于舟山；分布于西北及江苏、山东、河南、河北、辽宁等地。朝鲜、蒙古也有。

特性 喜温凉湿润的气候；喜光，喜湿，耐盐，对土壤要求不严。花期 7～8 月，果期 9～10 月。

价值 该种在浙江极稀见，宁波为其在我国的分布南界。花色洁白，可供园林美化。

繁殖 播种或扦插繁殖。

083　南方紫珠
Callicarpa australis Koidz.

马鞭草科
Verbenaceae

特征　落叶小乔木或灌木状，高达6m，胸径达13cm。枝条粗壮，幼时密生星状毛。单叶对生；叶片厚纸质，椭圆形，长10～25cm，宽3～10cm，先端急尖，基部楔形，两面初有毛，后脱落，背面有明显的黄色腺点，边缘有细锯齿，侧脉7～9对；叶柄较粗壮，长约1cm。聚伞花序腋生，3～7回分歧，总花梗粗壮，通常短于叶柄；花淡紫色，花冠4裂；雄蕊4枚，花药孔裂。果实球形，径3～4mm，紫色。

分布　仅见于象山韭山列岛，生于海拔20～80m的山坡灌草丛中。产于普陀东福山岛和临海东矶岛。日本、朝鲜也有。

特性　喜温暖湿润的海洋性气候；喜光，耐旱，抗风，稍耐盐；速生，萌蘖性强；喜生长于排水良好且碎石多的粗骨土中。3月下旬萌芽发叶，6月开花，10～11月果熟，12月落叶。

价值　为本次调查发现的中国分布新记录种，是浙江唯一呈乔木型的紫珠属植物，在研究中国与日本的植物区系方面有科学价值。植株高大，花美果艳，是极好的观赏树种，尤适于沿海美化。目前仅发现分布于象山、普陀和临海的岛屿上，数量较少，宜加以保护并科学地进行开发利用。

繁殖　播种、扦插、分株繁殖。

国家重点保护野生植物

浙江省重点保护野生植物

其他珍稀植物

084　枇杷叶紫珠
Callicarpa kochiana Makino

特征　落叶灌木，高 1～4m。小枝、叶背、叶柄及花序均密被黄褐色分枝茸毛。单叶对生；叶片厚纸质，长椭圆形至长椭圆状披针形，长 10～20cm，宽 4～9cm，先端渐尖或短渐尖，基部楔形，边缘有细锯齿。聚伞花序腋生，3～5 回分歧；花淡紫红色。浆果状核果球形，白色，径约 2mm。

分布　见于北仑、宁海、象山，生于海拔 300m 以下的沟谷林下或灌丛中。产于温州、丽水及仙居；分布于华东、华南及湖南、河南南部。日本、越南也有。

特性　喜温暖湿润的气候和疏松肥沃、排水良好的土壤；喜半阴，不耐旱。花期 7～8 月，果期 11～12 月。

价值　宁波为其在我国沿海地区的分布北缘，仅有 4 个分布点（宁海 2 个）。叶及根入药，可治各种内外伤出血、疮疖、风湿性关节炎等；叶可提取芳香油；果带甜味，可食；花色淡紫，果色洁白，可供园林观赏。

繁殖　播种、扦插、分株繁殖。

附注　《中国植物志》等记载本种果实为宿萼所包，但宁波所产者果实均外露，观赏价值较高。

国家重点保护野生植物

浙江省重点保护野生植物

其他珍稀植物

085　毛药花
Bostrychanthera deflexa Benth.

唇形科
Labiatae

特征　多年生草本，高 50 ～ 100cm。茎钝四棱形，具深槽，密被下向倒硬毛。单叶对生；叶片长椭圆状披针形或狭披针形，先端渐尖或尾状渐尖，基部渐狭成楔形、宽楔形或圆形，边缘有锯齿，正面有短硬毛，背面脉上有毛；叶柄极短或无。聚伞花序腋生，具花 5 ～ 11 朵；总花梗长 5 ～ 10mm；花冠紫红色，长约 3cm，花冠筒中上部变粗，上唇远较下唇短；果时花萼增大不明显。成熟小坚果常仅 1 枚，无翅。

分布　仅见于宁海，生于海拔 500 ～ 600m 的阴湿沟谷阔叶林或毛竹林下。产于温州、丽水及临安、东阳、天台；分布于华东、华南、西南及湖北。

特性　要求温暖湿润的气候和土层深厚、疏松肥沃的土壤；喜阴湿环境。花期 8 ～ 9 月，果期 10 ～ 11 月。

价值　我国特产的单种属植物。宁波仅见于 1 个分布点，数量极少。花大艳丽，可供观赏。

繁殖　播种、扦插繁殖。

086 浙江铃子香 铃子三七
Chelonopsis chekiangensis C. Y. Wu

唇形科
Labiatae

特征 多年生草本，高约60cm。茎钝四棱形，具槽，无毛或有下向硬毛。单叶对生；叶片椭圆形或披针形，先端渐尖，基部宽楔形，边缘有浅锐锯齿，两面仅脉上有具节硬毛，侧脉正面不明显，背面明显呈弧状网结，具不明显腺点。聚伞花序腋生，具花3～5朵；总花梗长1～1.5cm；花冠鲜紫色，长3～4cm，花冠筒直伸，上唇不显著，下唇3浅裂；果时花萼增大可达2cm，具10脉。小坚果具翅。

分布 见于余姚、北仑，生于海拔300～600m的沟谷阔叶林下。产于临安；分布于安徽、江西。

特性 喜温暖湿润的气候和土层深厚、排水良好的土壤；多生于阴湿环境。花期8月，果期9～10月。

价值 华东特有种。模式标本由宁波籍著名植物学家钟观光先生在其家乡采得。资源稀少。全草入药，具散风寒、通经络、消食积等功效；花色艳丽，可供园林观赏。

繁殖 播种、扦插繁殖。

087 水虎尾
Dysophylla stellata (Lour.) Benth.

唇形科
Labiatae

特征　一年生草本，高 30～40cm。茎中部以上具轮状分枝。叶 3～8 枚轮生；叶片条形，先端渐尖，基部渐狭而无柄，边缘疏生小齿，两面无毛。花小，密集成无间隔的穗状花序，长 0.5～4.5cm，径 4～6mm；花萼密被绒毛；花冠紫红、粉红或近白色，长 1.8～2mm；雄蕊 4 枚，伸出，花丝常带粉红色，疏被白色髯毛；花柱短于雄蕊，先端 2 叉。小坚果 4 枚，倒卵形，极小。

分布　见于北仑、鄞州，生于低海拔的山脚水塘草丛中或茭白田中。浙江省内其他产地不明；分布于华东、华南及湖南、云南。日本、东南亚至南亚、澳大利亚也有。

特性　喜温暖湿润气候；喜湿，不耐旱，喜光，稍耐阴。花期 8～10 月，果期 10～11 月。

价值　《中国植物志》记载浙江有分布，《浙江植物志》则记载未见标本，本次调查证实浙江确有分布，属稀有植物，宁波为其在我国的分布北界。植株清秀，花序紫色或粉色，可供湿地美化。

繁殖　播种、扦插繁殖。

附注　宁波所产者叶多具明显锯齿，花色偏淡，与文献记载稍有出入，有待进一步研究。

国家重点保护野生植物

浙江省重点保护野生植物

其他珍稀植物

088 水蜡烛
Dysophylla yatabeana Makino

特征 多年生草本，高 30 ～ 50cm。茎通常不分枝，基部匍匐生根。叶 3 ～ 4 枚轮生；叶片狭披针形或条形，先端钝尖，基部渐狭而无柄，边缘疏生小齿或近全缘，两面无毛。花密集成下部常有间隔的穗状花序，长 1 ～ 4.5cm，径 8 ～ 15mm；花萼紫红色，疏生柔毛及锈色腺点；花冠紫红或粉红色，长 4 ～ 5mm；雄蕊 4 枚，长伸出，花丝中下部密被淡紫色髯毛；花柱与雄蕊近等长，先端 2 叉。

分布 仅见于鄞州，生于低海拔的田沟草丛中。产于杭州、丽水、温州；分布于安徽、湖南、贵州。日本、朝鲜也有。

特性 喜温暖湿润的气候；喜湿，不耐旱，喜光，稍耐阴。花期 9 ～ 10 月，果期 11 ～ 12 月。

价值 稀有植物，间断分布于中国华东、华中、西南及日本和朝鲜，其特殊的分布格局在植物区系研究方面有学术价值。枝叶清秀，花序紫色，可供湿地美化。

繁殖 播种、扦插繁殖。

附注 与上种主要区别在于本种茎常不分枝，基部匍匐；轮生叶较少；花序有间隔；花较大。

089 碎米桠
Rabdosia rubescens (Hemsl.) Hara

唇形科
Labiatae

特征　落叶亚灌木，高达 1.5m。根茎木质；茎下部近圆柱形，灰白色；小枝四棱形，幼枝常带紫色，密被毛。单叶对生；叶片卵圆形或菱状卵圆形，先端锐尖或渐尖，基部宽楔形并下延，缘具粗圆齿，正面叶脉显著下陷。由聚伞花序再组成顶生的狭圆锥花序；花冠二唇形，白色或稍带紫色，上唇外翻，先端具 4 圆齿，下唇远长于上唇，内凹成舟状。小坚果 4 枚，倒卵状三棱形。

分布　见于鄞州、奉化、宁海，生于海拔 400～600m 的山坡林下或路边。产于富阳、临安、淳安、衢江、开化；分布于华东、华中、西南、西北及广西、河北。

特性　适应性广，对气候及土壤要求不严，通常生于多砾石生境，在临安则见于石灰岩山地，喜光，也能耐阴，耐旱性强。3 月中、下旬抽叶，9～10 月开花，11～12 月果熟，11 月下旬落叶及小枝枯萎。

价值　我国特有植物。本种在《浙江植物志》中因未见标本而列为存疑种，本书作者近年相继在临安、淳安、宁波等地发现确有分布，但较为稀见；宁波仅有 3 个分布点。花色淡紫，可用作花境材料；外省民间用其治疗呼吸道炎症、慢性肝炎、感冒头痛、风湿筋骨痛、关节痛等，还用于多种癌症的辅助治疗。

繁殖　播种、扦插或分株繁殖。

090 走茎龙头草
Meehania fargesii (Lévl.) C. Y. Wu var. *radicans* (Vaniot) C. Y. Wu

特征 多年生草本。茎方形，拱状匍匐，长达80cm。叶对生；叶片心状卵形，边缘有锯齿，叶脉下陷。花较大，单朵对生叶腋；花萼钟形，绿色，5枚裂片近等大；花冠二唇形，紫色，长3～4.5cm，上唇较短，下唇3裂，中裂片上有紫斑和长柔毛。小坚果4枚。

分布 仅见于余姚四明山，生于海拔600m左右的阴湿山沟毛竹林中。产于安吉、临安、桐庐、天台、磐安、文成、泰顺；分布于江西、湖北、广东、云南、四川。

特性 要求温暖湿润的气候和阴湿的环境；喜疏松肥沃、排水良好的酸性土壤，不耐强光和干旱。花期4～5月，果期6～8月。

价值 我国特有植物。宁波仅见于1个分布点，个体极稀少。植株匍匐，花大色艳，适作林下观花地被，也可供盆栽观赏；全草入药，可治风寒感冒。

繁殖 扦插、播种繁殖。

国家重点保护野生植物

浙江省重点保护野生植物

其他珍稀植物

091　浙荆芥

Nepeta everardi S. Moore

特征　多年生草本，高 60～100cm。茎四棱形，密被极细柔毛。单叶对生；叶片三角状心形，先端渐尖或尾状渐尖，基部平截或心形，边缘具牙齿状圆齿，两面与叶柄均被极细柔毛；叶柄扁平，边缘具狭翅。具紧密的顶生聚伞圆锥花序；花冠二唇形，紫色或白色微带紫色，长约 2cm，下唇 3 裂，中裂片大，倒心形，具爪。小坚果 4 枚，卵状三棱形，平滑。

分布　见于余姚、鄞州、宁海，生于低海拔的灌丛中或山坡路边。产于临安；分布于安徽、湖北。

特性　喜温暖湿润的气候；要求土壤肥沃、生境阴湿；喜光，不耐旱。花期 5 月，果期 8 月。

价值　中国特产种。宁波为其模式标本产地。花朵繁密，可供园林观赏，适作林下地被或花境。

繁殖　播种或分株繁殖。

092　荫生鼠尾草
Salvia umbratica Hance

唇形科
Labiatae

特征　多年生草本，高达 1.5m。根粗大，红褐色；茎四棱形，被具节长柔毛。单叶对生；叶片三角形、卵状三角形或戟形，先端渐尖或尾状渐尖，基部心形、戟形或截形，边缘具不整齐粗锯齿或圆齿，两面有毛，背面有红褐色腺点。由轮伞花序组成顶生或腋生的总状花序；花冠二唇形，紫红或蓝紫色，长 2～2.5cm。小坚果 4 枚，椭圆形。

分布　仅见于余姚四明山，生于海拔约 300m 的沟谷毛竹林下。产于云和；分布于西北及安徽、湖北、河北。

特性　要求温暖湿润的气候和阴湿的环境；喜深厚肥沃的酸性土壤。花期 8～9 月，果期 10～11 月。

价值　我国特有种。本种在宁波仅有 1 个分布点，在浙江也极为稀见，在研究华东与华北、华中、西北之间植物区系方面有学术价值。植株高大，花色艳丽，可供观赏。

繁殖　播种、扦插或分株繁殖。

093 **安徽黄芩**
Scutellaria anhweiensis C. Y. Wu

特征 多年生草本，高可达 70cm。茎锐四棱形，沿棱及节上有下曲短柔毛。单叶对生；叶片卵形，先端急尖或渐尖，基部宽楔形、圆形或浅心形，边缘具浅牙齿或圆锯齿，两面疏生短柔毛及金黄色腺点。顶生总状花序或上部三叉分枝成圆锥花序；花冠二唇形，淡黄白色，花冠筒基部呈屈膝状。

分布 见于余姚、奉化，生于海拔约 700m 的林下阴湿处。产于临安、淳安；分布于安徽。

特性 要求温暖湿润的气候和阴湿凉爽的环境；对土壤要求不严，但以排水良好的沙壤土为宜。花期 5～6 月，果期 6～7 月。

价值 浙江、安徽特产种，数量稀少。花色淡黄，可供观赏；全草入药，具清热燥湿、泻火解毒功效。

繁殖 播种、分株、扦插繁殖。

094 大花腋花黄芩
Scutellaria axilliflora Hand.-Mazz. var. *medullifera* (Sun ex C. H. Hu) C. Y. Wu et H. W. Li

唇形科
Labiatae

特征 多年生草本。茎斜升或直立，四棱形，有向上弯曲的微柔毛。单叶对生；下部叶片卵圆形或三角状卵圆形，先端钝或近圆形，基部宽楔形或圆形，边缘具 1 ～ 3 个粗圆齿，背面散生黄色小腺点；上部叶变小，呈苞片状，全缘或具 1 ～ 2 个圆齿。腋生总状花序，花偏向一侧；花冠二唇形，紫色或淡蓝紫色，花冠筒基部呈屈膝状。小坚果 4 枚，卵球形，具瘤状突起。

分布 仅见于宁海，生于海拔 200 ～ 300m 的沟谷潮湿岩缝中。产于丽水、温州及建德、武义。

特性 要求温暖湿润的气候和阴湿的环境；不耐旱，不耐强光，耐瘠薄。花期 5 ～ 6 月，果期 6 ～ 7 月。

价值 浙江特产植物。宁波仅宁海发现有 2 个分布点，极稀见。花色艳丽，可供观赏。

繁殖 播种、扦插或分株繁殖。

095 浙江黄芩
Scutellaria chekiangensis C. Y. Wu

特征　多年生草本，高 20 ～ 60cm。茎方形，沿棱及节上疏生向上细柔毛。单叶对生；叶片宽卵形至狭卵形，先端急尖、渐尖或稍钝，基部圆形或宽楔形，边缘具浅锯齿，两面密布淡黄色腺点。顶生总状花序；花冠二唇形，淡蓝紫色，稀白色，花冠筒基部呈屈膝状。

分布　见于余姚、象山，生于海拔 400 ～ 700m 的林下阴湿处。产于台州及临安、东阳、磐安、永嘉；分布于四川。

特性　与安徽黄芩相似。

价值　浙江特产种，资源稀少。花色淡雅，可爱耐看，可作观花地被、花境及湿地美化，也可作切花。

繁殖　播种、分株、扦插繁殖。

096 有腺泽番椒
Deinostema adenocaula (Maxim.)Yamazaki

玄参科
Scrophulariaceae

特征 一年生草本，高 7～15cm。茎单一或基部具分枝，肉质，上部疏生头状腺体。单叶对生；叶片卵圆形或卵形，无毛，基部近抱茎，先端锐尖或钝，全缘，叶脉 5～9 对；无柄。花单朵腋生；花梗直立，纤细，长 6～15mm，具头状腺体；花萼 5 深裂；花冠蓝色，长约 5mm，二唇形，上唇 2 浅裂，下唇 3 裂；雄蕊 2 枚，花丝顶端弯曲，退化雄蕊 2 枚。蒴果卵球形。种子椭圆形，具网纹。

分布 见于北仑、鄞州、奉化、宁海、象山，生于低海拔的浅水塘中或岸边草丛中。产于临安；分布于贵州、台湾。日本、朝鲜也有。

特性 喜温暖湿润气候；喜湿，稍耐旱，喜光。花期 8～9 月，果期 9～10 月。

价值 为本次调查发现的华东分布新记录种，其特殊的间断分布格局在物种的迁徙与演化方面有研究价值。植株小巧，花色艳丽，可供盆栽观赏或湿地美化。

繁殖 播种繁殖。

国家重点保护野生植物

浙江省重点保护野生植物

其他珍稀植物

097 虻眼
Dopatrium junceum (Roxb.) Buch.-Ham. ex Benth.

特征　一年生无毛草本，高5～20cm。茎有细纵纹，稍带肉质，自基部多纤细分枝。单叶对生；下部叶间距较小，叶片披针形，先端急尖或微钝，基部无柄而抱茎，全缘，叶脉不明显；向上叶片渐疏而短小。花单生叶腋，花梗纤细，下部的极短，向上渐伸长；花萼5齿裂；花冠二唇形，白色、玫瑰色或淡紫色，上唇2浅裂，下唇3裂；雄蕊4枚，仅后方2枚能育。蒴果球形。种子具网纹。

分布　仅见于宁海，生于低海拔的浅水处或稻田中。

产于杭州西湖区；分布于江苏、台湾、广东、广西、云南、河南、陕西。日本至印度，南至澳大利亚也有。

特性　喜温暖湿润气候；喜湿，耐水，不耐旱，喜光。花期8～9月，果期10～11月。

价值　浙江稀有植物，其特殊的分布格局在植物区系的研究方面有学术价值。植株小巧，可供湿地公园种植。

繁殖　播种繁殖。

098 白花水八角

Gratiola japonica Miq.

特征　一年生无毛草本，高 8～25cm。根状茎细长；茎直立或斜升，稍肉质，中下部有柔弱分枝。单叶对生；叶片长椭圆形至披针形，顶端钝尖，基部半抱茎，全缘，具下凹的三出脉；无柄。花小，单生叶腋，无梗，在靠茎一侧具 2 枚形似萼裂片的小苞片；花萼 5 深裂几达基部；花冠稍二唇形，白色；雄蕊 2 枚，位于上唇基部，下唇基部具 2 枚短棒状退化雄蕊。蒴果球形，径 4～5mm。种子细长，具网纹。

分布　仅见于鄞州，生于低海拔的山沟淤泥质浅水中或菱白田中。分布于东北及江苏、江西、云南。日本、朝鲜及俄罗斯远东地区也有。

特性　喜温凉湿润的气候和淤泥质静止的浅水生境；不耐旱，喜光。花期 8～9 月，果期 10～11 月。

价值　为本次调查发现的浙江分布新记录属、种，稀有植物。可供湿地栽培应用。

繁殖　播种繁殖。

099　小果草
Microcarpaea minima (Koern.) Merr.

特征　一年生匍匐小草本。分枝极多而呈垫状，枝叶无毛。单叶对生；叶片宽条形，长 3～4mm，宽 1～2mm，全缘，稍肉质，叶脉不明显；无柄而半抱茎。花极小，单生叶腋，无梗；花萼管状钟形，具 5 棱，5 裂，裂片具睫毛；花冠粉红色，近钟状，5 裂，二唇形，上唇短而直立，下唇 3 裂，开展；雄蕊 2 枚。蒴果卵形，略扁，较花萼短，有 2 条沟槽。种子少数，细小，纺锤状卵形，棕黄色。

分布　仅见于宁海，生于低海拔的河边湿地中，形成密集的垫状群落。产于椒江；分布于台湾、广东、云南、贵州。东南亚及日本、朝鲜、印度、澳大利亚也有。

特性　喜温暖湿润气候；喜湿，喜光，不耐旱。花期 7～9 月，果期 10～11 月。

价值　单种属植物。浙江稀有种，宁波仅见于 1 个分布点，且为本种在我国的分布北缘，宁波为其属的分布新记录。植株矮小，枝叶密集，可作湿地地被植物。

繁殖　播种、分株繁殖。

100 天目地黄
Rehmannia chingii H. L. Li

玄参科
Scrophulariaceae

特征 多年生草本，高30～60cm。根状茎肉质，橘黄色。全体被多节长柔毛。单叶基生或互生；基生叶莲座状，叶片椭圆形，先端钝或急尖，基部渐收缩成翅状柄，缘具齿；茎生叶向上渐小，皱缩。花大，单生叶腋；花冠长6～7cm，紫红色，先端5裂，稍二唇形，喉部具深紫色斑点；雄蕊4枚，2强。蒴果卵形。种子细小，多数，表面具网眼。

分布 仅见于宁海，生于海拔200m左右的山沟草丛中。产于浙江省各地山区、半山区；分布于安徽、江西。

特性 喜温暖湿润的气候；对土壤类型要求不严，但要求排水良好；耐旱，喜光，稍耐阴。花期3～5月，果期5～6月。

价值 华东特有种。宁波仅见于1个分布点。花大色艳，可作花境、花坛、岩面美化或盆栽观赏；全株入药，具清热凉血、润燥生津功效。

繁殖 播种、组培繁殖。

101　大花旋蒴苣苔
Boea clarkeana Hemsl.

特征　多年生草本。茎短缩。叶基生；叶片卵形或宽卵形，先端钝圆，基部宽楔形、心形或偏斜，边缘具细圆齿，两面及叶柄均有短糙伏毛，背面脉上较密，侧脉 5 ～ 6 对；叶柄长 1.5 ～ 6cm。聚伞花序伞状，1 ～ 4 条腋生，每花序具花 2 ～ 10 朵；花蓝色，钟状筒形，先端 5 裂，裂片近等大。蒴果细圆柱形，螺旋状扭曲。

分布　见于北仑、鄞州、奉化，生于低海拔的岩石上。

产于临安、淳安、武义；分布于华东、华中、西南及陕西。

特性　喜温凉湿润的气候和阴湿的环境；较耐寒，不耐强光，稍耐旱。花期 7 ～ 10 月，果期 9 ～ 11 月。

价值　全草入药，具消肿、散瘀、止血功效；花大而美丽，可作岩面美化或盆栽观赏。

繁殖　播种、叶插、组培繁殖。

国家重点保护野生植物

浙江省重点保护野生植物

其他珍稀植物

102 红花温州长蒴苣苔

Didymocarpus cortusifolius (Hance) Lévl. f. *rubra* W. Y. Xie, G. Y. Li et Z. H. Chen, f. nov. ined.

苦苣苔科
Gesneriaceae

特征　多年生草本。叶基生；叶片宽卵形或近圆形，先端钝，基部深心形，边缘具浅裂及不整齐牙齿。花序近伞形，1～2回分歧，具花4～10朵；花萼5浅裂，紫褐色带绿色或绿色；花冠淡紫红色，长2.5～3cm，二唇形，上唇2裂，下唇3裂。蒴果细长圆柱形，长5～6cm。

分布　见于鄞州、奉化，生于低海拔的山地沟谷阴湿岩壁上。产于新昌、诸暨、仙居、磐安。

特性　要求温暖湿润气候，喜阴湿环境，不耐干旱。花期5～6月，果期7～8月。

价值　浙江特产。为本次调查发现的新变型。花多而淡紫，叶色浓绿，极具观赏价值，宜作盆栽观赏，也可用于岩景点缀。

繁殖　播种、叶插、组培繁殖。

103 厚叶双花耳草 肉叶耳草
Hedyotis strigulosa (Bartl. ex DC.) Fosberg

特征 多年生常绿草本。全体无毛。茎多分枝，稍肉质，基部匍匐或斜升。单叶对生；叶片稍肉质，椭圆形、卵状椭圆形或倒卵状椭圆形，先端钝圆，基部狭楔形并下延，全缘，正面有光泽，中脉两面隆起；无柄或近无柄。花数朵组成二歧聚伞花序，顶生或近顶生；花萼 4 裂；花冠白色，管状，上端 4 裂。蒴果倒卵状扁球形，具 2 ～ 4 条纵棱。

分布 仅见于象山渔山列岛和韭山列岛，生于海岸边岩缝中。产于温州沿海及普陀、椒江大陈岛；分布于台湾、广东。日本、朝鲜及密克罗尼西亚群岛也有。

特性 喜温暖湿润的海洋性气候；耐旱，耐盐，耐瘠，喜光，稍耐阴。花期 8 ～ 9 月，果期 10 ～ 11 月。

价值 典型的滨海植物，浙江省内稀见。宁波为其在我国的分布北缘。叶厚而亮绿，花小而洁白，可供盆栽观赏。

繁殖 播种、扦插、分株繁殖。

104 金腺荚蒾
Viburnum chunii Hsu

特征 常绿灌木,高1～2m。幼枝方形,无毛,基部有环状芽鳞痕。单叶对生;叶片薄革质,卵状菱形或菱形至狭长椭圆形,先端渐尖至尾状渐尖,基部楔形,中部以上有疏齿,稀近全缘,正面有光泽,背面散生金黄色及暗褐色两种腺点,近基部有腺体,离基三出脉,中脉在正面明显隆起。花序伞形状;花冠粉红色。核果椭圆形,长约6mm,鲜红色,有光泽。

分布 见于鄞州、奉化、宁海,生于海拔200～450m的山谷或山坡阴湿林下。产于绍兴、台州、丽水、温州;分布于华东、华南、西南及湖南。

特性 喜温暖湿润的气候和阴湿的环境;要求土壤疏松肥沃;不耐强光和干旱。花期6～7月,果期10～11月。

价值 中国特有种。叶片光亮,果实红艳,可供园林观赏。

繁殖 播种、扦插繁殖。

105　喙果绞股蓝
Gynostemma yixingense (Z. P. Wang et Q. Z. Xie) C. Y. Wu et S. K. Chen

特征　多年生草质藤本。茎纤细，有纵棱，仅在近节处被长柔毛。卷须丝状，常不分枝，侧生于叶柄基部。鸟足状复叶具小叶 5～7 枚，互生；叶片膜质，中央小叶片较大，椭圆形，先端渐尖或尾尖，基部楔形，缘具锯齿或重锯齿，正面近边缘处被 1 行微柔毛。花单性异株；雄花组成圆锥花序，雌花簇生于叶腋；花小，5 裂，淡绿色或白色。蒴果球形，径约 8mm，无毛，顶端具 3 枚长喙，熟时开裂。

分布　见于余姚、鄞州、奉化，生于低海拔的山沟灌丛内或山坡路边草丛中。产于杭州（西湖、余杭、建德）、湖州（长兴）等地；分布于安徽、江苏。

特性　要求温暖湿润的气候及较阴湿的生境；稍喜光，较耐旱。花期 8～9 月，果期 9～11 月。

价值　浙江、江苏特有种，较稀见，宁波为其分布南缘。用途同三叶绞股蓝。

繁殖　播种、扦插、组培繁殖。

国家重点保护野生植物

浙江省重点保护野生植物

其他珍稀植物

106 三叶绞股蓝 光叶绞股蓝
Gynostemma laxum (Wallich) Cogniaux

特征　多年生草质藤本。茎纤细,有纵棱,无毛或疏被微柔毛。卷须丝状,常不分枝,侧生于叶柄基部。鸟足状复叶具小叶3枚,互生;叶片纸质,中央小叶片稍大或与侧生小叶片近等大,长圆状披针形,先端渐尖或尾尖,基部楔形,缘具锯齿,两面无毛或疏生短毛;侧生小叶偏斜。花单性异株;圆锥花序腋生;花小,5裂,黄绿色。浆果球形,径8～10mm,上部有萼筒环,熟时不开裂,由墨绿转蓝黑色。

分布　见于余姚、鄞州、宁海,生于海拔300～500m的山沟灌丛中或林缘。产于安吉、临安、天台等地;分布于安徽、海南、广西、云南。东南亚、南亚也有。

特性　要求温暖湿润的气候和阴湿的生境;耐阴,畏强光,喜湿,不耐旱。花期8～9月,果期9～11月。

价值　为本次调查发现的浙江新记录种,宁波资源较少。全株可代绞股蓝作药用,具益气健脾、清热解毒、止咳祛痰等功效;嫩茎叶可作菜。

繁殖　播种、扦插、组培繁殖。

107　木鳖子
Momordica cochinchinensis (Lour.) Spreng.

葫芦科
Cucurbitaceae

特征　多年生大型草质藤木。地下具膨大的块根。茎有纵棱；卷须粗壮，与叶对生，不分枝。单叶互生；叶片圆形至阔卵形，3～5中裂至深裂，基部近心形，正面光滑，背面密生小乳突，基外三出脉；叶柄具纵棱及2～4枚腺体。雌雄异株；花大，通常单生；花梗粗壮，雄花花梗顶端具1枚绿色兜状大型苞片，雌花苞片小型；花萼5裂，紫黑色，筒部具白斑；花冠5深裂至基部，淡黄或乳白色，内面3枚基部有黑斑；雄花雄蕊3枚，紫红色；雌花子房椭圆形，密生粗刺；雌雄同株。果实较大，近球形，肉质，熟时红色，密生具刺尖的突起。种子多数，卵形或方形，黑褐色，具雕纹，边缘有齿。

分布　仅见于宁海，生于海拔200～300m的阳坡荒地草丛、灌丛或毛竹林中。杭州植物园有栽培；分布于华东、华中、华南、西南。中南半岛和印度半岛也有。

特性　喜温暖湿润的气候和深厚肥沃的酸性土壤；喜光，亦耐半阴。花期7～9月，果期8～11月。

价值　该种在浙江周边省份均有分布，《浙江植物志》及《中国植物志》均未提及浙江，而 *Flora of China* 记载浙江有分布，但具体分布地不明，本次调查证实浙江确有分布，且为目前所知的唯一分布点，资源稀少，宜加保护。花大果艳，可供观赏，宜作藤廊、花架或岩面配置；种子、块根及叶可入药，具消肿散结、解毒止痛功效。

繁殖　播种、块根、扦插繁殖。

108 **沙苦荬　匍匐苦荬菜**
Chorisis repens (Linn.) DC.

特征　多年生草本。全体无毛，有乳汁。根状茎横走；茎匍匐。叶互生；叶片 3～5 掌状中裂、深裂或 3 全裂，裂片先端圆钝，边缘有不明显牙齿或 2～3 浅裂，有时全缘；叶柄长。头状花序具长梗，2～3 个生于花茎上，径约 3cm；花全为舌状，黄色，先端 5 齿裂。瘦果纺锤形，具 10 条纵棱及细长喙；冠毛白色。

分布　仅见于象山，生于滨海沙滩潮上带附近。产于舟山群岛及苍南；分布于华东、华南、华北、东北。

日本、朝鲜、越南及俄罗斯远东地区也有。

特性　喜温暖湿润、日温差较小的海洋性气候；喜光，耐旱，耐盐，耐寒，喜含盐的沙质土。3 月上旬萌芽长叶，4～9（11）月开花，6～11 月果熟，12 月中下旬地上部分枯萎。

价值　典型的滨海沙生植物，浙江境内较稀有，宁波仅见于象山，因人为破坏，资源趋少。叶片碧绿，花色金黄，在沙滩上常形成优美景观。

繁殖　播种、分株繁殖。

109　芙蓉菊　蕲艾
Crossostephium chinense (A. Gray ex Linn.) Makino

特征　常绿亚灌木，高可达 1m。茎直立，上部多分枝，连同叶片密被灰白色短柔毛。叶互生，集生枝顶；叶片狭匙形或狭倒披针形，先端钝，基部渐狭，全缘或有时 3～5 裂，质厚。头状花序生于枝端叶腋，径约 7mm，排成带叶的总状花序；总苞半球形，总苞片 3 层；花黄绿色。瘦果长圆形，常具 5 条纵棱。

分布　见于宁海、象山，常生于岩质海岸潮上带的悬崖峭壁上，尤以外海岛屿多见。产于舟山、台州、温州沿海各地；分布于福建、广东、台湾、云南。日本也有。

特性　喜温暖湿润的海洋性气候；耐海雾，抗风，稍耐盐，耐旱，耐瘠，不耐寒。花果期 11～12 月。

价值　民间用于治小儿惊风、麻痘作痒；枝叶密集，叶色灰绿色或银白色，十分醒目，适作盆栽观赏，在温暖地区可作花坛色块。因人为采挖作药，资源渐趋枯竭。

繁殖　扦插或播种繁殖。

110 卤地菊
Melanthera prostrata (Hemsl.) W. L. Wagner et H. Robinson

特征 多年生草本。全体密被具疣基的短糙毛。茎匍匐，具分枝。单叶对生；叶片卵形或披针状卵形，先端钝，边缘具1～3对不规则的粗齿；叶柄短。头状花序径约1cm，单生于具叶小枝的顶端或上部叶腋，无梗或具短梗；花黄色，缘花1层，舌状，盘花多数，管状。瘦果倒卵状三棱形。

分布 仅见于象山北渔山岛，生于岩质海岸潮上带的草丛或岩隙中，也可生于滨海沙滩潮上带及沙堤。产于温州沿海各地及普陀、温岭；分布于华东、华南沿海。日本、朝鲜、菲律宾、越南、泰国和印度也有。

特性 喜温暖湿润的海洋性气候；喜光，耐盐，耐旱，耐瘠，不耐寒。3月中旬萌芽长叶，6～11月开花，8～12月果熟。

价值 全草入药，有清热解毒、祛痰止咳之功效；耐干旱、瘠薄、盐碱，花色艳丽，是优良的固沙、沙滩美化植物，也可用于边坡复绿、石景点缀或观花地被。宁波仅有1个分布点，且为该种在我国的分布北缘。

繁殖 播种或扦插繁殖。

国家重点保护野生植物

浙江省重点保护野生植物

其他珍稀植物

111 蛴蜞菊

Wedelia chinensis (Osbeck.) Merr.

特征　多年生草本。全体密被短糙毛。茎匍匐。单叶对生；叶片倒披针形、椭圆形或狭椭圆形，先端急尖或钝，基部狭，全缘或有 1～3 对疏粗齿，侧脉 1～2 对，基部 1 对较显著；无柄。头状花序少数，径 15～20mm，单生于枝顶或叶腋，花序梗长 3～10cm；总苞钟形，总苞片 2 层；缘花舌状，1 层，黄色，舌片顶端 2～4 裂；盘花管状，黄色，顶端 5 裂。瘦果顶端圆，具 3 条棱，有具细齿的冠毛环。

分布　仅见于象山，生于海湾草丛中。产于台州、温州沿海；分布于福建、台湾、广东、辽宁。东南亚及日本、印度、斯里兰卡也有。

特性　喜温暖湿润的海洋性气候；喜光，也能耐阴，耐盐性强。花果期 3～12 月。

价值　本种在浙江稀见，宁波仅发现于 1 个分布点。全草可药用，具清热解毒、凉血散瘀功效；性耐盐，花黄色，茎匍匐，可作地被，尤宜适用于滨海美化。

繁殖　播种、扦插繁殖。

112 天目山蟹甲草 蝙蝠草

Parasenecio matsudae (Kitamura) Y. L. Chen

菊科
Compositae

特征 多年生草本，高 50 ～ 90cm。茎绿色或带紫色，无毛。叶互生；下部叶花期枯萎，叶片宽三角形，有 3 ～ 5 枚三角形裂片，先端急尖，基部近截形，边缘有齿，两面无毛；最上部的叶片卵状披针形，较小。头状花序径约 2cm，在上部排成宽圆锥状；总苞片 10 枚，无毛；每花序具花 15 ～ 20 朵，花全为管状。瘦果圆柱形，冠毛刚毛状。

分布 仅见于余姚四明山，生于海拔约 600m 的阴湿山沟毛竹林下。产于安吉、临安；分布于安徽歙县。

特性 喜温凉湿润的气候和疏松肥沃的酸性土壤；耐阴，耐湿。3 月下旬抽芽长叶，5 ～ 6 月开花，8 ～ 10 月果熟，11 月地上部分枯萎。

价值 浙江、安徽特有种。在宁波仅发现于 1 个分布点，数量极少，在研究四明山区与天目山区植物区系的关系方面有学术价值。叶形奇特，可作林下地被；嫩叶可蔬食。

繁殖 播种繁殖。

国家重点保护野生植物

浙江省重点保护野生植物

其他珍稀植物

113 黑三棱
Sparganium stoloniferum (Buch.-Ham. ex Graebn.) Buch.-Ham. ex Juzep.

特征 多年生挺水草本。根状茎横走，具块茎；直立茎高可达 1.2m。叶在茎上两列着生；叶片条形，先端稍钝，基部鞘状抱茎，全缘，直出平行脉间有横向小脉相连，背面中下部中脉隆起呈龙骨状。头状花序再排成圆锥状，长 25～50cm，具 3～5 个分枝；雄头状花序 2～12 个排列于花序总轴或分枝的上部；雌头状花序 1～3 个位于花序分枝的下部。果序球形。

分布 仅见于宁海，生于低海拔的荒芜农田中。产于义乌、东阳、武义；分布于华北、西北、东北及江苏、江西。欧洲、北美及日本、朝鲜、阿富汗和俄罗斯（西伯利亚）也有。

特性 性喜清洁、静止或缓流、底土淤泥较深厚的水体环境。3 月初萌芽抽叶，6～7 月开花，7～9 月果熟，11 月后地上部分枯萎。

价值 块茎入药，具破血祛瘀、消积行气功效；姿态清雅，可供水体美化。因水体环境严重污染，野外已不多见。

繁殖 播种或分株繁殖。

国家重点保护野生植物

浙江省重点保护野生植物

其他珍稀植物

114 利川慈姑
Sagittaria lichuanensis J. K. Chen, S. C. Sun et H. Q. Wang.

泽泻科
Alismataceae

特征 多年生沼生草本。叶基生；叶片箭形，顶裂片具 7～9 条脉，侧裂片具 5～7 条脉，稍长于顶裂片，先端急尖或渐尖，中裂片基部内凹；具长柄，基部扩大成鞘，鞘内生有多数黑褐色珠芽。圆锥花序细长，着花四至多轮，每轮具花 2～4 朵，最下一轮具分枝；花被片 2 轮，外轮 3 枚果时宿存，不反折，内轮 3 枚白色。聚合瘦果球形。

分布 仅见于奉化，生于海拔 100m 左右的湿地草丛中。产于衢州；分布于华东及湖北、广东、贵州。

特性 要求温暖湿润的气候和阴湿的环境；喜生于松软潮湿的淤泥地或浅水生境，不耐旱，耐阴，也能在全光照下生长。花期 8～9 月，11 月上旬果实仍未成熟。

价值 我国特有种，在浙江极稀见，宁波也仅发现于 1 个分布点。利川慈姑是介于冠果草亚属和慈姑亚属之间的类型，其染色体和生活史类型特殊，在研究慈姑属植物的进化和繁殖策略方面具有学术价值。

繁殖 文献记载其心皮不孕，故难以获得种子，可用珠芽或分株繁殖。

115 无尾水筛
Blyxa aubertii Rich.

特征 一年生沉水草本。无直立茎，全株无毛。叶基生；叶片条状披针形，先端长渐尖，基部鞘状，全缘；叶脉5～9条。佛焰苞腋生，管状，长4～6cm，具长3～6cm的柄；花两性，单生；外轮花被片条形，长5～7mm；内轮花被片长约1cm；雄蕊3枚；子房细圆柱形，与佛焰苞近等长，具细长的喙，胚珠多数。果实细圆柱形，长4～6cm。种子多数，椭圆形，种皮具瘤状突起，两端钝，无尾尖。

分布 见于鄞州、奉化、宁海，生于海拔200m以下的水塘浅水处。产于温州；分布于江西、福建、台湾、湖南、广东、广西。世界广布。

特性 喜温暖的气候及静水环境，要求水质清澈无污染；喜光，不耐旱。花期8～9月，果期9～10月。

价值 宁波为其在中国大陆的分布北缘，本种在浙江也极为稀见。叶片密集，可供清浅水体美化。

繁殖 种子或分株繁殖。

116 有尾水筛
Blyxa echinosperma (Clarke) Hook. f.

特征 一年生沉水草本。无直立茎，全株无毛。叶基生；叶片条状披针形，先端长渐尖，基部鞘状，全缘。佛焰苞腋生，管状，长 4～6cm，具长 3～5cm 的柄；花两性，单生；外轮花被片条形，长 6～8mm；内轮花被片长 10～13mm；雄蕊 3 枚；子房细圆柱形，与佛焰苞近等长，具细长的喙，胚珠多数。果实细圆柱形，长 4～7cm。种子多数，椭圆形，种皮具明显的瘤状突起，两端具长 1～2mm 的尾尖。

分布 见于鄞州、宁海、象山，生于海拔 100～400m 的水塘浅水处或田沟中。产于庆元、云和；分布于华东、华南、西南。广布于亚洲及澳大利亚。

特性 喜温暖气候及静水环境，要求水质清澈无污染；喜光，不耐旱。花期 7～9 月，果期 9～10 月。

价值 本种在浙江极为稀见。叶片密集，在深水处长可达 80cm 以上，宜供静水环境美化。

繁殖 种子或分株繁殖。

117　紫竹

Phyllostachys nigra (Lodd. ex Lindl.) Munro

特征　常绿灌木，秆高 7 ～ 8m，径 2 ～ 4cm。地下茎单轴型。秆初时淡绿色，后渐变紫黑色，中空有节，节下常有一圈白粉；每节具 2 分枝。箨鞘淡棕色，密被粗毛，无斑点；箨耳和繸毛发达，紫色；箨舌稍发达，先端拱突波状，边缘具极短须毛；箨叶三角形至长披针形，直立或展开反转，微皱褶；末级小枝具叶 2 ～ 3 枚；叶片质薄，长 7 ～ 10cm，宽约 1.2cm。

分布　见于奉化、宁海、象山，生于海拔 400m 左右的山沟林缘。产于杭州、舟山、金华及天台、缙云；分布于秦岭以南各地。园林中常有栽培。

特性　喜温暖湿润气候；要求土壤疏松肥沃，忌积水及土壤板结；不耐旱，稍耐寒。笋期 4 月中下旬。

价值　竹秆紫黑色，形态优雅，为优良观赏竹种；竹材较坚韧，宜作钓鱼竿、手杖及乐器之用；笋可供食用。

繁殖　移植母竹或埋鞭繁殖。

118 龟甲竹

Phyllostachys pubescens Mazel ex H. de Lehaie f. *heterocycla* (Carr.) H. de Lehaie

特征　常绿小乔木，高 4 ～ 8m，径 10 ～ 16cm。地下茎单轴型。秆散生，新秆被白粉，中空有节，中下部的一些节间明显缩短并于一侧肿胀，相邻的节交互倾斜而于一侧彼此相接或近于相接；每节具 2 分枝。箨鞘厚革质，密被糙毛和深褐色斑点及斑块，具发达的箨耳和繸毛；箨舌发达，先端拱突，缘具细须毛；箨叶三角形至披针形，向外反转。末级小枝具叶 4 ～ 6 枚；叶片小，质薄。

分布　见于慈溪、余姚、奉化、宁海、象山，散生于海拔 200 ～ 500m 的山沟、山坡毛竹林中。省内外毛竹产区偶见。园林中常有栽培。

特性　对气候适应性较强，喜深厚肥沃、排水良好的酸性土壤；喜光，较耐寒，稍耐旱，忌积水及土壤板结。笋期 3 月下旬至 4 月上旬。

价值　体态高大，秆形奇特，为珍贵的观赏竹种，产区野生植株极为稀见；笋可供食用。

繁殖　移植带鞭母竹繁殖。

119 龙爪茅
Dactyloctenium aegyptium (Linn.) Willd.

禾本科
Gramineae

特征　一年生草本，高15～40cm。茎基部常横卧地面，节上生根并分枝。叶片条形，长2～10cm，宽2～5mm，叶鞘松弛，鞘口具柔毛；叶舌膜质，具纤毛。穗状花序2～7个指状排列于茎顶，长1～4cm；小穗两侧压扁，无柄，成2行密集排列于穗轴上并偏于一侧。种子赤黄色，圆球形，径约1mm，具皱纹。

分布　见于奉化、象山，生于滨海沙滩潮上带的沙丘内侧或砾石质海滩上。产于温州及普陀；分布于华南、西南及福建、台湾。广布于除美洲、欧洲外的热带至暖温带地区。

特性　生性强健，喜光，耐旱，耐瘠，稍耐盐。花果期8～10月。

价值　宁波仅发现于2个分布点，因人为严重干扰其生境，已近绝迹，浙江省内也较稀见。花序形态特异，可供观赏，宜植于滨海沙滩内侧，或用于点缀绿色草坪；种子可食用；植株可作饲料。

繁殖　播种繁殖。

120 日本苇
Phragmites japonica Steud.

特征　多年生草本，高达 1.8m。地面具长达 10m 的匍匐茎，节上生不定根和芽；秆直径 3 ～ 5mm，具 20 ～ 28 节，节长 3 ～ 11cm。叶片长 25 ～ 45cm，宽 1.5 ～ 2.5cm，先端渐尖，缘具细小锯齿，叶舌边缘具短纤毛；叶鞘长 11 ～ 17cm。圆锥花序长 20 ～ 40cm，略下垂；小穗柄长 2 ～ 7mm；小穗长 9 ～ 10mm，具 3 ～ 4 朵小花，带紫色。

分布　见于鄞州、奉化、宁海，生于海拔 300m 以下的山区河道鹅卵石滩上或溪沟边岩缝中。分布于东北。日本、朝鲜及俄罗斯远东地区也有。

特性　喜湿润凉爽的环境，耐间歇性水淹，流水、静水均适应，喜光，耐瘠，不耐旱，根系发达，固着能力极强，抗冲刷，常在鹅卵石滩地成片生长。3 月抽芽发叶，7 ～ 8 月开花，9 ～ 10 月果熟，11 月地上部分枯萎。

价值　北方植物区系成分，为本次调查发现的华东分布新记录种，宁波为其在我国的分布南缘，在研究芦苇属的分布与起源方面有学术意义。秆可供造纸；叶可作牛羊饲料；植株低矮密集，略呈灰绿色，绿期较长，清秀雅致，是优良的湿地美化植物；根系发达，生长快速，尤宜作石质或泥质河岸及湖畔的护坡材料。

繁殖　播种、分株或用匍匐茎繁殖。

国家重点保护野生植物

浙江省重点保护野生植物

其他珍稀植物

121 卡开芦
Phragmites karka (Retz.) Trin. ex Steud.

特征 多年生草本，高 3～5m。地面有时具长可达 10m 的匍匐茎，节上生不定根和芽；秆常带紫红色，直径 15～25mm，约具 35 节，中下部节长可达 35cm。叶 2 行排列；叶片条形，长达 50cm，背面与边缘粗糙，先端渐尖成丝状；叶鞘长于节间。圆锥花序大型，长 30～50cm，分枝多而纤细，略下垂；小穗柄长约 5mm；小穗长 8～12mm，具 4～6 朵小花。

分布 见于宁海、象山，生于海岸沙滩内侧。产于临安、余杭、玉环等地；分布于华南及福建、云南。东南亚、南亚、非洲和澳大利亚也有。

特性 喜湿润凉爽环境，喜光，不耐旱，稍耐盐，根系发达，固着能力较强，喜湿，但不耐水淹。3 月抽芽发叶，8～9 月开花，10～12 月果熟，12 月底至 1 月中旬地上部分枯萎。

价值 南方植物区系成分，浙江为其分布北缘，在研究芦苇属的分布与起源方面有学术意义。秆可供造纸；叶可作牛羊饲料；植株高大密集，略呈灰绿色，绿期较长，清秀雅致，是优良的湿地美化植物；根系发达，生长快速，可作泥质河岸及湖畔的护坡材料。

繁殖 播种、分株或用匍匐茎繁殖。

国家重点保护野生植物

浙江省重点保护野生植物

其他珍稀植物

122　砂钻苔草 筛草
Carex kobomugi Ohwi

特征　多年生草本，高 10～20cm。根状茎粗壮，木质；秆散生，粗壮，钝三棱形，基部被黑褐色纤维状残存老叶鞘。叶基生；叶片条形，革质，黄绿色，宽 4～6mm。苞片叶状，长于花序。雌雄异株；花序穗状，粗壮；鳞片卵状披针形，长约 1.5cm，先端芒状，具多脉。果囊卵状披针形，长约 1cm，平凸状，顶端骤狭成长喙，喙口深 2 齿裂。小坚果长圆形或长圆状倒卵形，黑褐色。

分布　仅见于象山，成片生于滨海沙滩潮上带的沙丘上。产于普陀、黄岩、洞头、平阳、苍南；分布于江苏、山东、台湾、河北、辽宁、黑龙江及青海。日本、朝鲜及俄罗斯远东地区也有。

特性　喜海洋性气候和含盐沙滩地；适应性强，喜光，耐旱，耐寒，耐热，耐瘠，耐盐，耐踩；根系发达，固沙能力强。花期 3～4 月，果期 7～9 月。

价值　耐干旱、瘠薄、盐碱，是滨海优良的固沙植物，也适作沙滩观赏地被；果实富含淀粉，可供食用或酿酒。

繁殖　播种或分株繁殖。

国家重点保护野生植物

浙江省重点保护野生植物

其他珍稀植物

123 华克拉莎
Cladium jamaicence Crantz ssp. ***chinense*** (Nees) T. Koyama ex Hara

特征　多年生草本，高 1 ～ 2.5m。秆丛生，粗壮，圆柱形，垂于水中时常在节上生根发芽。叶秆生；叶片革质，条形，长 0.6 ～ 1m，宽 0.8 ～ 1cm，光亮，先端细长渐尖并呈三棱形，基部对折，上部扁平，边缘和中脉具细锯齿；叶鞘闭合，鞘口斜截形。苞片叶状；圆锥花序狭长，长 30 ～ 60cm；小穗常 2 ～ 3 个聚生，幼时卵状披针形，果时卵形或宽卵形，长 4 ～ 5mm，褐色。小坚果长圆状卵形。

分布　见于奉化、宁海、象山，生于泥质海岸潮上带附近的低湿地、盐水沼泽，围垦区低湿盐碱地，也见于岩质海岸潮上带石缝中。产于定海、普陀、椒江、平阳、苍南；分布于华南、西南。日本、朝鲜、越南、印度及太平洋岛屿也有。

特性　喜温暖湿润的海洋性气候；性强健，喜光，耐旱，耐盐，耐瘠。花期 6 ～ 7 月，果期 8 ～ 9 月。

价值　根系发达，是优良的护堤固岸植物；叶质坚硬而光亮，株型优雅，适作滨海低湿地绿化美化。

繁殖　播种、分株、扦插或利用秆节上的萌蘖芽繁殖。

国家重点保护野生植物

浙江省重点保护野生植物

其他珍稀植物

124 绢毛飘拂草
Fimbristylis sericea (Poir.) R. Br.

莎草科
Cyperaceae

特征 多年生草本，高 15 ～ 30cm。植株各部密被白色绢毛。根状茎被黑褐色纤维状残留叶鞘；秆钝三棱形。叶基生；叶片条形，宽 1.5 ～ 3.2mm，弯卷。苞片 2 ～ 3 枚，叶状，短于花序；聚伞花序；小穗长圆状卵形，3 ～ 15 个聚集成头状；鳞片卵形，长 3mm；柱头 2。小坚果倒卵形，双凸或平凸状，紫黑色。

分布 仅见于象山爵溪和南田岛，生于滨海沙滩潮上带或风成沙丘上。产于嵊泗、普陀、平阳；分布于江苏至广西沿海及台湾。东南亚各国及澳大利亚、日本、韩国也有。

特性 喜温暖湿润的海洋性气候；性强健，喜光，耐旱，耐瘠，耐盐。4 月初抽生新叶，花期 6 ～ 8 月，果期 9 ～ 11 月，12 月地上部分枯萎。

价值 典型的滨海沙生植物，是优良的海岸固沙材料，也适作沙滩潮上带沙丘的观赏地被。宁波仅产于象山，只发现 2 个分布点，因人为开发沙滩，资源趋于枯竭。

繁殖 播种或分株繁殖。

125　普陀南星
Arisaema ringens (Thunb.) Schott

特征　多年生草本，高达 1m。块茎扁球形，径达 8cm。叶常 2 枚，稀 1 枚；叶片 3 全裂，裂片全无柄，中裂片宽椭圆形，侧裂片偏斜，先端常有尾状细尖，侧脉多数，至近叶缘处网结；叶柄长 15 ～ 30cm，下部 1/3 具鞘。佛焰苞外面绿色，具多数淡蓝或乳白色脉纹，喉部常具宽耳，耳的内面深紫色，外卷，檐部下弯成盔状，前檐具卵形唇片，下垂，先端向外弯；肉穗花序单性；雄花序圆柱形，雌花序近球形；附属物棒状或长圆锥状。果序近球形或短圆柱形，径约 5cm；浆果熟时由绿转黄至鲜红色，内具种子 2 ～ 4 粒。

分布　仅见于象山韭山列岛，生于滨海山坡阴湿林下或林缘，尤以沟谷乱石堆巨石下为常见，也见于岩质海湾岬角的阴湿林下、草丛中。产于普陀；分布于江苏、台湾。日本、韩国也有。

特性　要求温凉湿润的气候和阴湿的环境；喜深厚肥沃、排水良好的酸性至中性土壤；耐阴，不耐旱，畏炎热及强光。花期 4 ～ 5 月，果期 10 ～ 11 月。

价值　叶大形美，佛焰苞奇特，耐阴性强，是优良的园林观赏植物，适作地被、花境或室内盆栽；块茎具燥湿化痰、祛风定惊、消肿散结功效。

繁殖　播种、组培繁殖。

国家重点保护野生植物

浙江省重点保护野生植物

其他珍稀植物

126 露水草 蛛丝毛蓝耳草
Cyanotis arachnoidea C. B. Clarke

鸭跖草科
Commelinaceae

特征 多年生草本，高 15 ～ 30cm。全体常被白色蛛丝状绵毛。叶基生兼茎生；基生叶丛生，宽条形，长 8 ～ 15cm，宽 7 ～ 12cm，茎生叶较小；无柄，叶鞘膜质。聚伞花序缩短成头状，顶生或兼腋生；总苞片 1 枚，佛焰苞状，卵状披针形，长于花序，常为绿色；苞片镰刀状，常呈紫色；花两性，无梗；萼片 3 枚，基部合生；花瓣 3 枚，蓝紫色，中部合生，两端分离；雄蕊 6 枚，全部发育，花丝中下部密生念珠状淡蓝色长柔毛，上部无毛并扩大扁平呈狭卵形，花药黄色。蒴果顶端簇生长刚毛。种子立方体形，有窝孔。

分布 仅见于宁海胡陈，生于海拔约 80m 的山坡路边草丛中。产于乐清、平阳；分布于华东、华南、西南。中南半岛及印度、斯里兰卡也有。

特性 喜温暖湿润的气候；喜光，耐瘠，耐旱。花期 8 ～ 10 月，果期 10 ～ 12 月。

价值 根可药用，具通经活络、除湿止痛功效，可治风湿关节疼痛；植株含脱皮激素；花形奇特可爱，花色优美悦目，花期长，可供园林观赏。宁波为本种在我国的分布北缘，仅有 1 个分布点，数量极少，宜重点保护。

繁殖 分株、播种、扦插、组培繁殖。

127 田葱
Philydrum lanuginosum Banks et Sol. ex Gaertn.

田葱科
Philydraceae

特征 多年生草本，高达 1.5m。主轴短，具纤维状须根。叶剑形，连叶鞘长 30～80cm，具 7～9 条脉，无毛，顶端渐狭，海绵质，厚而柔软，里面白色网格状。总花轴密被白色绵毛，通常具数枚叶；穗状花序单一或具分枝，密被白色绵毛；苞片卵形，绿色，具尾尖，外被绵毛；花黄色，短于苞片。蒴果三角状长圆形，长 8～10mm，密被白色绵毛。种子多数，花瓶状，暗红色。

分布 仅见于象山爵溪，生于海拔约 5m 的海湾山岙水沟边的滩涂或岩缝中。分布于福建、台湾、广东、广西。东南亚及日本、印度、澳大利亚、巴布亚新几内亚也有。

特性 喜温暖湿润的海洋性气候；喜光，喜湿，耐瘠，不耐旱，较耐盐。4 月上旬抽生新叶，6～8 月开花，9～11 月果熟，至翌年 4 月果实仍可宿存于枯萎花枝上，11 月地上部分枯萎。

价值 全草药用，具清热解毒及化湿功效；株形优美，可供湿地栽培观赏。是本次调查发现的浙江分布新记录科、属、种，是浙江目前所知的唯一分布点，宁波为其在我国的分布北缘，数量极少，宜重点保护。

繁殖 分株、播种繁殖。

128　朝鲜韭
Allium sacculiferum Maxim.

百合科
Liliaceae

特征　多年生草本。鳞茎单生或双生，卵形至狭卵形，径 0.7 ～ 2cm，外皮黑褐色，薄革质，常裂成纤维状或近网状。叶 3 ～ 5 枚基生；叶片扁条形，实心，背面具 1 条龙骨状隆起的纵棱，短于花葶，宽 4 ～ 6mm。花葶中生，圆柱状，实心，高 30 ～ 60cm；伞形花序球状，花极密集；花粉红色至紫红色，稀白色；花被片椭圆形，外轮的舟状，较短，内轮的较长；花丝长约为花被片的 1.5 倍，基部无齿。

分布　仅见于象山韭山列岛，生于滨海山坡草丛中，常呈小片状生长。分布于东北及内蒙古。朝鲜及日本北部、俄罗斯远东地区也有。

特性　性强健，喜光，耐寒，耐旱，易栽植。花果期 8 ～ 11 月。

价值　为本次调查发现的华东新记录种，资源较少，宁波为其在我国的分布南缘。花序球形，花色多样，殊为美丽，适作石景点缀、缀花草坪、花境、花坛及观花地被的材料；嫩茎叶、地下鳞茎可供食用。

繁殖　播种或鳞茎繁殖。

国家重点保护野生植物

浙江省重点保护野生植物

其他珍稀植物

129 茗葱
Allium victorialis Linn.

特征　多年生草本。全株有浓郁的韭菜香气。鳞茎圆柱形，具2～3层鳞茎皮，初为白色膜质，后变深色网状纤维。叶基生；叶片宽大，倒披针状椭圆形至椭圆形，基部楔形下延，先端急尖或圆钝，全缘，两面无毛，侧脉弧形；具长叶柄。花葶圆柱形，远长于叶，花前弯垂；伞形花序圆球形，具多花；花小，白色或带绿色。蒴果具3圆瓣。种子黑色。

分布　见于余姚四明山和宁海茶山，生于海拔500～700m的山坡林下或沟边阴湿处。产于临安、临海；分布于华中、华北、西北、东北及安徽。广布于北温带地区。

特性　要求温凉湿润的气候和排水良好、腐殖质丰富的土壤；耐阴，耐寒，不耐高温，忌强光直射，低海拔地区栽培生长不良。4～5月抽叶，6～7月开花，8～10月果熟，果后地上部分枯萎。

价值　嫩叶可作菜或调料；全株药用，有杀菌、抗病毒、提高人体免疫机能、抗衰老、降血脂、降胆固醇、抗疲劳、抗肿瘤功效，对预防心脏病、高血压、动脉硬化、脑梗死也有作用，被誉为"菜中灵芝"；叶片翠绿，可作林下地被或盆栽观赏。浙江省分布狭窄，野生资源极少，应注意保护。

繁殖　播种或分株繁殖。

130 黄花百合 巨球百合
Lilium brownii F. E. Brown ex Miellez var. *giganteum* G. Y. Li et Z. H. Chen

百合科
Liliaceae

特征 多年生草本，高可达2m。鳞茎扁球形，径8～12cm，鳞片可达100余枚。叶螺旋状互生；叶片狭倒卵状披针形至条状披针形，向上渐变小并呈苞片状。花3～12朵，在茎顶排列成近伞房状花序，有时成2轮；花冠喇叭形，稍下垂，具香气；花被片6枚，质地厚，初开时鲜黄色，后渐变淡，背部紫色或部分紫色，花盛开时先端外弯。蒴果长圆形。

分布 见于奉化、象山，生于滨海山坡疏林下、林缘或灌草丛中。产于嵊泗、温岭、苍南沿海或岛屿。

特性 喜温凉湿润的气候和深厚肥沃的土壤；适应性较强，喜光，稍耐阴，较耐寒，不耐高温。春季抽叶，6～7月开花，9～11月果熟，果后地上部分枯萎，以鳞茎在地下越冬。

价值 浙江特有植物。花朵硕大、量多，花色金黄，可供花境、林缘配置，也可作切花或盆栽观赏；花与鳞茎均可入菜；鳞片入药，具润肺止咳、宁心安神功效。

繁殖 鳞片、播种或组培繁殖。

131 宽叶老鸦瓣 二叶郁金香

Amana erythronioides (Baker) D. Y. Tan et D. Y. Hong

特征　多年生草本。鳞茎卵形,鳞茎皮纸质,黑褐色,内面密被长柔毛。茎下部 1 对叶片长圆形或长圆状倒披针形,大小不等,长 8～20mm,宽 1.5～3.5cm,常有紫褐色及绿白色花纹;茎中上部常具 3 枚轮生的条形苞片。花单生,白色,外面具紫色条纹,长 2.5～3.5cm。蒴果近球形,具钝三棱和长喙。种子三角形,扁平。

分布　见于余姚、北仑、鄞州、奉化、宁海、象山,生于海拔 400～800m 的山坡、山脊草丛中,或生于路边或林缘。产于临安、磐安、天台、临海、乐清、瑞安;分布于安徽。日本也有。

特性　要求温凉湿润的气候和排水良好、腐殖质丰富的土壤;耐阴,耐寒。3～4 月开花,8～10 月果熟。

价值　宁波四明山区为其模式产地。在我国仅分布于浙江、安徽两省。花较大,可供观赏;是郁金香育种的优良材料。

繁殖　播种或用鳞茎繁殖。

附注　鄞州金峨山所产的植株叶片特别宽大,且常有花纹,是否属于同一种需进一步研究。

国家重点保护野生植物

浙江省重点保护野生植物

其他珍稀植物

132 乳白石蒜
Lycoris albiflora Koidz

特征　多年生草本。鳞茎卵球形，径约 4cm。秋季抽叶，花前枯萎；叶片带状，绿色，中间淡色带不明显，顶端钝圆。花茎高约 60cm；总苞片 2 枚；伞形花序有花 6 ～ 8 朵；花蕾桃红色，开放后渐变为乳白色，花被裂片中度反卷和皱缩，腹面有时有红色条纹或条带，背面中脉淡红色，花被管长约 2cm；花丝上部带紫色。

分布　仅见于鄞州，生于低海拔的草丛中。分布于江苏。日本、朝鲜也有。

特性　喜温暖湿润气候；土壤以深厚肥沃为好；喜光，耐半阴。花期 8 月，果期 10 ～ 11 月。

价值　该种为本次调查发现的浙江分布新记录，资源极少。花色艳丽，极富观赏价值，可作花境、观花地被、嵌花草坪、切花及盆栽观赏；鳞茎可药用。

繁殖　鳞茎、播种、组培繁殖。

国家重点保护野生植物

浙江省重点保护野生植物

其他珍稀植物

133 短蕊石蒜 黄白石蒜
Lycoris caldwellii Traub

特征 多年生草本。鳞茎近圆球形，径约 4cm。春季抽叶，花前枯萎；叶片带状，绿色，顶端钝圆。花茎高约 40cm；总苞片 2 枚；伞形花序具花约 6 朵；花蕾粉红或微紫色，开放时呈乳黄色，后渐变为乳白色，花被管长可达 2cm，裂片腹面具黄色中带或中带上部变淡紫色，边缘仅中部微皱缩或不皱缩，上端稍反卷；雄蕊短于花被片；花柱上部淡紫色。

分布 见于北仑、鄞州，生于低海拔的草丛中。浙江其他产地未知；分布于江苏、江西。

特性 喜温暖湿润的气候和深厚肥沃的土壤；喜光，耐半阴。花期 9 月，果期 10 ～ 11 月。

价值 华东特有种。该种在浙江仅《中国植物志》记载有产，但《浙江植物志》记述未见标本，本次调查证实浙江确有分布，极为稀见。花朵黄白相间，妩媚清雅，极富观赏价值，可作花境、观花地被、嵌花草坪、切花及盆栽观赏；鳞茎可药用。

繁殖 鳞茎、播种、组培繁殖。

134 江苏石蒜
Lycoris houdyshelii Traub

石蒜科
Amaryllidaceae

国家重点保护野生植物

浙江省重点保护野生植物

其他珍稀植物

特征 多年生草本。鳞茎近圆球形,径约3cm。秋季抽叶,花前枯萎;叶片带状,长约30cm,宽约1.2cm,先端圆钝,深绿色,中间淡色带明显。花茎高约30cm;伞形花序有花4～7朵;花白色,后变乳黄色;花被管长约0.8cm,裂片倒披针形,背面常具绿色中肋,强度反卷和皱缩;雄蕊远伸出,花丝乳白色,花柱上端紫红色。

分布 见于慈溪、鄞州、奉化、宁海,生于海拔50～300m的山沟阴湿林下或岩石上。浙江其他产地不明;分布于江苏。

特性 喜温暖湿润的气候和深厚肥沃的土壤;喜光,也能耐半阴。花期8～9月,果期10～12月。

价值 江苏、浙江特产种,极为稀见。《浙江植物志》记述本省未见标本,本次调查证实确有分布。花色洁白,是优良的观赏植物;鳞茎可药用。

繁殖 鳞茎、播种、组培繁殖。

135 玫瑰石蒜
Lycoris rosea Traub et Moldenke

特征　多年生草本。鳞茎近圆球形，径约 2.5cm。秋季抽叶，花前枯萎；叶片带状，中间有淡色带。花茎高 30～60cm；总苞片 2 枚；伞形花序有花 5～8 朵；花玫瑰红色，花被管长约 1cm，裂片倒披针形，中度反卷和皱缩；雄蕊伸出，花丝红色。

分布　见于余姚、鄞州、奉化、宁海，生于低山丘陵荒地、农田或水沟边。浙江其他产地不明；分布于上海（佘山）。

特性　喜温暖湿润气候；对土壤要求不严，在酸性、深厚肥沃的土壤中生长较好，较喜光，能耐半阴。花期 8～9 月，果期 10～12 月。

价值　浙江、上海特有种。《浙江植物志》记述本种在浙江未见标本，本次调查证实确有分布，稀见。花色艳丽，优美悦目，是花境、观花地被、嵌花草坪、切花及盆栽的优良材料；鳞茎可药用。

繁殖　鳞茎、播种、组培繁殖。

136 换锦花
Lycoris sprengeri Comes ex Baker

特征 多年生草本。鳞茎椭圆形,径约3.5cm。早春抽叶,花前枯萎;叶片带状,绿色。花茎高30～50cm;总苞片2枚;伞形花序有花5～8朵,喇叭状,辐射对称;花紫红色,先端带蓝色,花被管倒披针形,长0.6～1.5cm,裂片通常不皱缩,先端略外弯。

分布 见于慈溪、镇海、北仑、鄞州、奉化、宁海、象山,生于大陆海岸及海岛的阳坡、草地中,也见于部分丹霞地貌岩壁上。产于浙江省沿海各地;分布于江苏、安徽、湖北。

特性 喜温暖湿润的海洋性气候;对土壤要求不严;耐旱,耐瘠,稍耐盐,喜光。花期8～9月,果期10～12月。

价值 花色艳丽,优美悦目,可作花境、观花地被、嵌花草坪、切花及盆栽;鳞茎可药用,具祛痰、利尿、解毒、催吐功效。

繁殖 鳞茎、播种、组培繁殖。

137 稻草石蒜
Lycoris straminea Lindl.

特征　多年生草本。鳞茎近圆球形，径约3cm。秋季抽叶，花前枯萎；叶片带状，绿色，中间淡色带明显。花茎高约35cm；总苞片2枚；伞形花序有花5～7朵；花稻草黄色，花被管长0.6～1cm，裂片边缘波状，上部强度反卷，中间常有淡红色条纹和斑点，背面中肋红色；雄蕊明显伸出，花药紫褐色。

分布　见于鄞州、宁海，生于海拔200m左右的沟谷林下草丛中。浙江其他产地不明；分布于江苏。日本也有。

特性　喜温暖湿润气候和阴湿环境；要求土壤深厚肥沃；较耐阴。花期8月，果期10～12月。

价值　《浙江植物志》记述本种在浙江未见标本，本次调查证实确有分布，稀见。花色淡黄，清雅秀丽，可作花境、观花地被、嵌花草坪、切花及盆栽观赏。鳞茎可药用。

繁殖　鳞茎、播种、组培繁殖。

138 水仙 雅蒜 凌波仙子

Narcissus tazetta Linn. var. *chinensis* Roem.

特征 多年生草本。鳞茎卵圆形，外被棕褐色膜质外皮。叶基生；叶片条形，全缘，粉绿色。花葶自叶丛中抽出，约与叶等长；伞房花序具花4～10朵，花梗长短不一；花芳香；花被裂片白色，副花冠鲜黄色，浅杯状。蒴果。

分布 仅见于象山南韭山和对面山，生于海岸山坡草丛中或疏林下，常成群落；各地常有栽培。产于舟山、台州、温州沿海；分布于上海、福建。

特性 喜温暖湿润的海洋性气候；要求土壤疏松肥沃；较耐阴，耐旱。花期11月至翌年3月，果期翌年9～11月，但极少结果。

价值 花朵秀丽，叶片青翠，花香扑鼻，清秀典雅，素有"凌波仙子"之称，可作盆栽、花境、观花地被及湿地美化、嵌花草坪；鳞茎有毒，民间用于治疗腮腺炎、痈肿疮毒。野生者在宁波仅见于象山，因人为采挖，资源趋于枯竭。

繁殖 鳞茎繁殖。

139　大花无柱兰
Amitostigma pinguicula (Rchb. f. et S. Moore) Schltr.

兰科
Orchidaceae

特征　多年生小草本。块茎卵球形，密被毛；茎纤细，高 8～16cm，下部具 1 枚叶。叶片长椭圆形或椭圆状披针形，基部抱茎。花葶纤细，直立，通常顶生 1 朵花；花淡紫红色，唇瓣特大，扇形，中下部具深紫斑，上部 3 裂，中裂片先端微凹；距细长。蒴果长椭圆形。花期 4～5 月，果期 9～10 月。

分布　见于除镇海、江北、慈溪外的各地，生于海拔 600m 以下的阴湿裸岩石缝中或水沟边。产于舟山、台州、丽水、温州及淳安、磐安、诸暨。

特性　喜温暖湿润气候及半阴环境；要求土壤肥沃而疏松透气；移栽较易成活。花期 4 月，果期 5～6 月，果后地上部分枯萎。

价值　浙江特产种。宁波为其模式产地。在产区仅局部地段有零星生长，属稀见种。株形娇小，体态婀娜，花形奇特，色彩柔美，适作盆栽观赏，也可用于岩面美化。

繁殖　未见繁殖栽培报导。种子不易繁殖，可试用组培繁殖。

140　金线兰 花叶开唇兰
Anoectochilus roxburghii (Wall.) Lindl.

兰科
Orchidaceae

特征　多年生草本，高 8～14cm。具匍匐根状茎；茎上部直立。叶 2～4 枚聚生；叶片卵圆形或卵形，正面暗紫色，具金红色网纹及丝绒状光泽，有时呈墨绿色而无网纹，背面淡紫红色，先端钝圆或具短尖，基部圆形，全缘，弧形脉 5～7 条至叶先端相连；叶柄基部扩大成鞘。总状花序疏生 2～6 朵花，花序轴被毛；萼片淡红色，中萼片卵形，凹陷，侧萼片卵状椭圆形，稍偏斜；花瓣白色，与中萼片靠合成兜状；唇瓣位于上方，白色，前端 2 裂呈"Y"字形，裂片全缘，宽约 1.5mm，中部收缩成爪，两侧各具 6～8 枚流苏状细裂片；距长约 6mm，上举指向唇瓣，末端 2 浅裂。

分布　见于奉化、宁海、象山，生于海拔 70～300m

的毛竹林或杉木林中；慈溪、余姚等地有栽培。产于丽水、温州；分布于华东、华南、西南及湖南。东南亚、南亚及日本也有。

特性　喜温暖湿润的气候和腐殖质丰富的土壤；要求凉爽、湿润、半阴的生境，适生温度 20～28℃，空气湿度 70%～95%，不耐干旱瘠薄，忌阳光直射。花期 9～10 月。

价值　稀有植物，宁波为其在我国的分布北界，也是本次调查发现的分布新记录点，植株稀少，药农采挖现象严重。株形小巧，叶美花雅，适作盆栽观赏；全株可药用，具清热凉血、祛风利湿、解毒、止痛、镇咳等功效。

繁殖　分株、组培繁殖。

141 浙江金线兰 浙江开唇兰
Anoectochilus zhejiangensis Z. Wei et Y. B. Chang

特征 多年生草本。高 8 ～ 16cm。具匍匐根状茎；茎上部直立，被柔毛。叶 2 ～ 6 枚聚生于茎下部；叶片卵圆形或宽卵形，正面暗紫色，具淡红色网纹及丝绒状光泽，具脉 5 ～ 7 条，背面淡紫红色，先端急尖或钝尖，基部圆形，全缘；向上具 1 ～ 2 枚红褐色鳞片状叶；叶柄基部扩大成鞘。总状花序具花 1 ～ 3 朵，花序轴被毛；萼片淡红色，外面被柔毛，中萼片卵形，舟状，侧萼片长圆形，稍偏斜；花瓣白色，与中萼片靠合成兜状；唇瓣位于上方，白色，前端 2 裂呈 "Y" 字形，裂片全缘或略呈波状，宽约 5mm，中部收缩成爪，两侧各具 1 ～ 3 枚齿状短裂片；距长约 3mm，上举指向唇瓣几成 "U" 字形，末端 2 浅裂。

分布 仅见于宁海，生于海拔 200 ～ 300m 的山沟阴湿岩壁苔藓层中或毛竹林下。产于遂昌；分布于福建、广西。

特性 喜温暖湿润的气候和腐殖质丰富的土壤；要求凉爽、阴湿的生境；不耐干旱瘠薄，忌阳光直射。花期 8 ～ 9 月。

价值 中国特有种。稀有植物，宁波为其分布北缘，也是本次调查发现的分布新记录点，植株稀少，且药农采挖现象严重。植株小巧，叶片美丽，可作盆栽观赏；全株可药用，功效同金线兰。

繁殖 分株、组培繁殖。

142 宁波石豆兰
Bulbophyllum ningboensis G. Y. Li ex H. L. Lin et X. P. Li

特征 附生兰。根状茎匍匐，纤细。全体无毛。假鳞茎卵球形，具 6～8 条棱，在根状茎上紧靠或分离着生，顶生 1 枚叶。叶片硬革质，长圆形，长12～15mm，先端圆钝而微凹，基部圆形，中脉在正面显著凹陷，几无柄。花葶从假鳞茎基部抽出，远长于叶片，花葶中部以下有一关节，着生 1 枚膜质舟状鞘；伞房状花序具花 1～5 朵；花黄色，中萼片全缘，具 3 脉，2 枚侧萼片长 8～9mm，中上部内卷成筒状并靠拢，全缘；花瓣小，宽卵形；唇瓣厚舌状，肉质，橙红色；蕊柱半圆柱形。

分布 见于奉化溪口和余姚鹿亭，生于海拔100～500m 的岩壁上。

特性 喜温暖湿润的气候；喜光，也能耐半阴，耐旱性强。花期 5 月，果未见。

价值 为本次调查发现的新种，宁波特产。植株小巧清秀，花色醒目，可供盆栽观赏或假山点缀。

繁殖 分株或组培繁殖。

国家重点保护野生植物

浙江省重点保护野生植物

其他珍稀植物

143　毛药卷瓣兰
Bulbophyllum omerandrum Hayata

特征　附生兰。根状茎匍匐，纤细。假鳞茎卵球形，疏生，彼此相距 1.5～4cm，顶生 1 枚叶。叶片厚革质，长圆形，长 1.5～8.5cm，先端钝而微凹，稍下弯，基部楔形，中脉在正面凹陷。花葶从假鳞茎基部抽出，通常长于叶；伞形花序具花1～3朵；花黄色，中萼片直立，具 5 脉，上部边缘带紫色，顶端具 2～3 条髯毛，2 枚侧萼片长约 3cm，边缘内卷成筒状，向前叉开，全缘；花瓣小，先端紫褐色，并呈流苏状；唇瓣厚舌状，肉质，黄色，稍下弯，着生于蕊柱足上，正面中下部中间紫色；蕊柱先端具齿。

分布　见于鄞州、奉化，生于海拔 100m 左右的丹霞地貌岩壁上。产于兰溪、永嘉；分布于华中、华南及福建。

特性　喜温暖湿润的气候；喜光，耐旱性强。花期 4 月，果未见。

价值　稀有植物，其生境及海拔与其他产地差异较大，具研究价值。植株小巧清秀，花形特异，花色艳丽，可供盆栽观赏或假山点缀。

繁殖　分株或组培繁殖。

144 独花兰
Changnienia amoena Chien

特征 多年生草本。假鳞茎近椭圆形或宽卵球形，有2～3节，径约1cm，顶生叶1枚。叶片宽卵状椭圆形至宽椭圆形，正面密生褐色细小斑点，背面紫红色。花葶从假鳞茎顶端长出，直立，高8～17cm，紫色，顶生花1朵；花大，淡紫色，径4～5cm；唇瓣横椭圆形，具紫色斑点；距粗壮，角状。蒴果倒卵状长椭圆形。

分布 见于奉化、宁海，生于海拔350～700m的阳坡疏林下、荒芜茶园中或毛竹林下。产于临安；分布于华东、华中及陕西、四川。

特性 要求温凉湿润的气候和多云雾的环境；喜深厚疏松、富含腐殖质、排水良好的酸性土壤；耐阴，喜湿，不耐强光及干旱，对环境要求严格，极少结果，

自然繁殖主要依靠假鳞茎衍生，通常每年仅分生1个假鳞茎，故自然状态下个体稀少。通常9月开始萌芽展叶，同时抽生花葶，翌年3月下旬至4月上旬开花（栽培者可在2月下旬开花），5～6月叶片逐渐枯黄进入休眠期，9月前后果熟。

价值 是我国特有的单种属植物，又是兰科植物的原始类型，加上特殊的生物学特性，在研究兰科植物的系统发育等方面有一定的学术价值。全草入药，是治疗热疔疮、咳痰带血及蛇伤的良药；花大艳丽，形态优雅，属珍贵的野生花卉种质资源。分布星散，极为稀见，且因生境恶化，乱采滥挖及本身自然更新能力弱，该种已处于极危状态。

繁殖 组培或假鳞茎繁殖。

145 翅柱杜鹃兰
Cremastra appendiculata (D. Don) Makino

特征 多年生草本。假鳞茎卵球形，彼此紧靠，绿色。叶常 1 枚，生于假鳞茎顶端；叶片狭椭圆形，有时具黄斑。花葶侧生于假鳞茎上部的节上，长 25～35cm；总状花序具花 10～20 朵；花偏向一侧，淡紫红色，长管状，俯垂；花萼与花瓣条状披针形，唇瓣倒披针形。蒴果长椭圆形，下垂。

分布 仅见于鄞州，生于海拔 500～700m 的沟谷边和林下阴湿处。产于安吉、临安；分布于华东、华南、西南、西北及湖北、山西。东亚、东南亚也有。

特性 对气候要求不严，喜湿润的环境和疏松肥沃、排水良好的酸性土壤；喜阴，不耐旱，耐寒。花期 5～6 月，果期 8～10 月。

价值 假鳞茎作中药山慈姑入药，具祛瘀消肿、清热解毒之功效；淡紫色的花朵如同收翅的蝴蝶聚集于花葶上，优雅生动，可作花境或盆栽观赏。

繁殖 组培、播种繁殖。

146　建兰
Cymbidium ensifolium (Linn.) Sw.

兰科
Orchidaceae

特征　多年生草本。假鳞茎发达，卵球形，具环痕，隐于叶丛中。叶 2～6 枚成丛；叶片条形，长 30～50cm，较柔软而弯曲下垂，边缘具不明显的细钝齿，具 3 条两面均突起的主脉。花葶高 20～35cm；总状花序具花 5～10 朵；花苍绿或黄绿色，清香，径 4～5cm；花被片具 5 条深色的脉；唇瓣具红色斑点和短硬毛，不明显 3 裂，中裂片卵圆形，具紫红色斑点，向下反卷，唇盘上具 2 枚半月形白色褶片；蕊柱长 1.2cm。

分布　仅见于宁海，生于海拔约 300m 左右山坡林下腐殖质丰富的土壤中。产于庆元、文成、泰顺，浙江省各地均有栽培；分布于华东、华南、西南及湖南。东南亚、南亚及日本也有。

特性　喜温暖湿润的气候和半阴的环境；耐寒性较差，惧强光直射，不耐水涝和干旱，适宜疏松肥沃和排水良好的腐叶土。花期 7～10 月，常两次开花，果未见。

价值　宁波为该种在中国的分布北界，仅见于宁海，资源极为稀少。为重要栽培观赏花卉，拥有许多品种和类型；民间用根治疗妇女湿热白带，用叶治疗咳嗽。

繁殖　分株或组培繁殖。

147　多花兰
Cymbidium floribundum Lindl.

特征　多年生草本。假鳞茎卵状圆锥形，隐于叶丛中。叶3～6枚成束丛生；叶片带状，较硬挺，全缘，基部具关节。花葶较叶短；总状花序密生20～50朵花；花无香气，紫褐色，花瓣长椭圆形，具紫褐色带黄色边缘；唇瓣卵状三角形，具深色斑点或斑块。

分布　见于余姚、鄞州、奉化、宁海、象山，多生于海拔200～400m的山谷岩壁上具薄土处。产于衢州、丽水、温州等地；分布于华东、华中、华南、西南。越南也有。

特性　喜温暖湿润的气候；耐旱，耐瘠薄，喜光，也能耐半阴。花期4～5月，果期7～8月。

价值　花多色艳，株型优雅，适作盆栽观赏，或作花境、阴湿岩面美化；根可药用，具滋阴清肺、化痰止咳功效；假鳞茎具清热解毒、补肾健脑功效。

繁殖　分株、组培繁殖。

148 铁皮石斛 吊兰
Dendrobium officinale Kimura et Migo

特征 多年生草本，高 10 ～ 40cm。茎丛生，圆柱形，向上渐细，具多节，节间短而微粗，有浅纵纹，常带淡紫褐色，中部以上二列状互生 3 ～ 5 枚叶；叶片纸质，长圆状披针形，顶端稍呈钩状，边缘和中脉淡紫色，基部具关节和鞘。总状花序侧生于无叶的茎上部，花序轴回折状弯曲，具花 2 ～ 3 朵；总花梗长约 1cm；苞片干膜质，浅白色；花黄绿色；唇瓣不裂。蒴果倒卵形。

分布 见于余姚、北仑、鄞州、奉化、宁海、象山，附生于海拔 200 ～ 700m 阴湿或干燥的岩壁上。产于临安、富阳、江山、天台、仙居、武义、缙云、庆元等地；分布于安徽、福建、广西、四川、云南。

特性 喜温暖湿润的气候和阴湿凉爽的环境；喜光，耐半阴。花期 5 ～ 7 月，果期 7 ～ 9 月。

价值 野生铁皮石斛为珍稀药材，自古即有"九大仙草之首"之誉，具生津养胃、滋阴清热、润肺益肾、明目强腰等功效。因人为过度采挖，野生植株已极为稀见。

繁殖 组培、分株或扦插繁殖。

149 细茎石斛 铜皮石斛
Dendrobium moniliforme (Linn.) Sw.

特征 多年生草本。茎丛生，直立，细圆柱形，长 4～40cm，径 1.5～5mm，向上渐细，节间长 2～4cm，节上具膜质筒状鞘，鲜时黄绿色，干后呈古铜色或青灰色。叶长圆状披针形，先端钝或急尖，基部圆形，具关节。总状花序侧生于无叶的茎节上，总花梗长 2～5mm，具花 1～4朵；花苞片卵状三角形，干膜质，具白色带淡红色斑纹；花黄绿色或白色带淡玫瑰红色，径 2～3cm；唇瓣 3 裂。蒴果倒卵形，长约 2cm。

分布 见于鄞州、宁海、象山，附生于海拔 200～500m 的树干或岩石上。产于丽水及德清、临安、淳安、嵊州、泰顺；分布于长江以南各地及河南、陕西、甘肃、台湾。印度、日本、朝鲜也有。

特性 喜温暖湿润的气候及凉爽半阴的环境；稍耐旱，不甚耐寒。花期 4～5 月，果期 7～8 月。

价值 全草药用，有益胃生津、滋阴清热之功效，用于治疗热病伤津、痨伤咳血、口干烦渴、病后虚热、食欲不振；形态清秀，花朵雅致，可供盆栽观赏。因人为采挖，资源趋竭。

繁殖 组培、分株或扦插繁殖。

150 绿花斑叶兰
Goodyera viridiflora (Bl.) Lindl. ex D. Dietr.

特征 多年生草本，高 10～20cm。根状茎匍匐，具节；茎直立，近基部聚生 3～5 枚叶。叶片常呈宽卵形，绿色，先端急尖，基部圆形，骤狭成柄，3～5 出脉，侧脉弧形；叶柄和鞘长 1～3cm。花茎长 7～10cm，带红褐色，被毛；总状花序疏生 2～5 朵花，花序轴被毛；花绿色或带红褐色；中萼片凹陷，与花瓣黏合呈兜状；侧萼片向后伸展；花瓣斜菱形，先端急尖，基部渐狭，具 1 条脉；唇瓣卵形，舟状，较薄，凹陷，囊状，内面密生腺毛，前部白色，舌状，向下呈"之"字形弯曲，先端向前伸。

分布 仅见于象山，生于海拔 100～200m 的毛竹林中。产于黄岩、乐清；分布于华东、华南及云南。南亚、东南亚及日本（琉球）、澳大利亚也有。

特性 喜温暖湿润的气候和凉爽半阴的生境；要求疏松透气的微酸性或中性土壤；稍耐干旱和瘠薄，畏阳光直射。花期 8～9 月，果期 10～12 月。

价值 稀有植物，宁波为其在我国的分布北界，也是本次调查发现的分布新记录点。植株小巧，花形可爱，可作盆栽观赏。

繁殖 分株、组培繁殖。

151 鹅毛玉凤花
Habenaria dentata (Sw.) Schltr.

特征　多年生草本，高 30～90cm。块茎 1～2 枚，肉质；茎无毛，疏生 3～5 枚叶。叶片长圆形至长椭圆形。总状花序具三至多朵花；花白色，较大；2 枚侧萼片伸展，近半圆形，先端尖；2 枚花瓣与中萼片靠叠呈盔状，唇瓣 3 深裂，中裂片狭窄，侧裂片宽大，先端具齿；距细长，稍弧曲。

分布　见于余姚、北仑，生于海拔 200m 左右的山坡林缘、路旁或沟边草丛中。产于杭州、台州、丽水、温州；分布于华东、华中、华南、西南。南亚、东南亚及日本也有。

特性　喜温暖湿润的气候；对土壤要求不太严；稍喜光，不耐旱。花期 8～9 月，果期 10～11 月。

价值　花大色白，形似白鹭，可作湿地或花境植物，也可供盆栽观赏；民间以块茎入药，用于治疗腰痛、疝气。

繁殖　播种、组培繁殖。

152　纤叶钗子股

Luisia hancockii Rolfe

特征　多年生附生草本，高 10 ～ 25cm。气生根肉质。茎稍木质，丛生，通常不分枝，圆柱形。叶互生，2 列；叶片纤细，肉质，圆柱形，长 5 ～ 8cm，先端钝，基部具关节。总状花序腋生，甚短，长 3 ～ 6mm，具花 2 ～ 3 朵；花梗连子房长 1 ～ 1.2cm；花小，黄绿色，唇瓣肉质，带紫色。蒴果细长，长 1.5 ～ 2cm。

分布　见于全市各地，生于沿海山地海拔 300m 以下的山沟及岛屿石壁上、岩隙间或老树干上。产于舟山、台州、温州；分布于福建、湖北。

特性　要求气候温暖湿润；附生处通常苔藓密被，土层浅薄或近无，土质疏松，黑褐色，较肥沃，pH5.5 ～ 6.5；较喜光，耐旱性极强。花期 5 ～ 6 月，果期 8 ～ 10 月。

价值　我国特产种，宁波为其模式产地。全草可入药，具散风祛痰、清热解毒、行气活血、消肿散瘀的功效；叶呈棒状，形态奇特，可供盆栽观赏。自然繁殖不良，加上人为采集，数量急剧减少。

繁殖　分株或组培繁殖。

153 风兰
Neofinetia falcata (Thunb. ex A. Murray) H. H. Hu

特征　多年生附生草本。茎短而直立，高6～14cm。叶数枚，相互紧密套叠排成2列；叶片条状长圆形，质硬，先端急尖、渐尖或钝，"V"字形对折，全缘，背面中脉隆起呈龙骨状，基部具关节。总状花序腋生，具花2～5朵；花白色，有香气，径1.5～2cm；唇瓣3裂；距长3～5cm，细而弯垂。

分布　见于鄞州、奉化、宁海、象山，附生于低海拔的枫杨、枫香、香樟、银杏、柏木等大树树干上或岩石上。产于舟山、台州、丽水；分布于江西、福建、四川、云南、甘肃。日本、韩国也有。

特性　要求温暖湿润的气候和阴凉湿润的环境；畏高温、低温和强光照，较耐旱，以年平均气温18～23℃，空气相对湿度75%以上为好；生命力顽强，可在恶劣的环境下生长。花期6～7月，栽培者可在4月下旬开花，果期8～9月。

价值　目前野生种群与个体数量稀少，濒临灭绝。体态小巧，花色洁白，清幽芬芳，为形、叶、花俱美的兰花佳品，最宜作盆栽品赏，也可植于瓦状结构围墙上或用于点缀岩景等。

繁殖　分株、播种、组培繁殖。

154　象鼻兰
Nothodoritis zhejiangensis Tsi

特征　多年生附生草本。茎极短，具多数肉质气根。叶常 1～3 枚排成 2 列；叶片扁平，倒卵形或倒卵状长圆形。总状花序单生于茎基部，长 5～8cm，具花 8～19 朵；花淡蓝紫色，花萼与花瓣均具白与蓝紫色相间的横向条纹；唇瓣呈象鼻状弯曲，3 裂。蒴果椭圆形。

分布　文献记载产于鄞州天童，但经多次调查未见。产于临安；分布于安徽、江西、陕西、甘肃。

特性　要求温凉湿润的气候和空气湿度较大的生境；喜阴，不耐强光，较耐旱，耐寒，通常附生于老树干上。花期 5～6 月，果期 7～8 月。

价值　我国特有的单种属植物，在兰科植物系统演化研究等方面有重要学术意义。野生种群与个体数量稀少，濒临灭绝。植株悬垂，花色秀雅，可作岩面、树干美化或盆栽观赏，且与蝴蝶兰亲缘关系相近，又具耐寒特性，是改良蝴蝶兰品种的优良种质资源。本种在宁波可能已灭绝！

繁殖　分株、组培、播种繁殖。

155　密花鸢尾兰
Oberonia seidenfadenii (H. J. Su) Ormerod

特征　多年生附生小草本。全体无毛。茎匍匐，纤细，多分枝。叶大小不一，3～4枚呈二列套折；叶片肥厚肉质，长卵形至椭圆形，长5～10mm，宽3～5mm，先端钝或稍尖，全缘，基部有不甚明显的关节，叶脉不可见。穗状花序顶生，连花序梗长约2cm，花多数，无梗，密生而几无间隙，着生于肉质花序轴的凹陷中；苞片卵形，边缘啮蚀状，强烈反折，无脉；花黄色，长约2mm，宽约1.2mm；中萼片卵圆形，先端钝圆，无脉；侧萼片宽卵形，先端急尖，在近中部强烈反折；花瓣长圆形，先端圆钝，稍反卷；唇瓣位于上方，宽梯形，3浅裂，侧裂片边缘啮蚀状，中裂片明显2裂。果小，倒卵形。

分布　见于鄞州、奉化、宁海、象山，附生于海拔200m以下的岩壁上。产于温岭；分布于台湾、广东、广西。

特性　喜温暖湿润的气候；性强健，喜光，也能耐半阴，耐旱性强。花期8～9月，果期10～12月。

价值　为本次调查发现的华东分布新记录种，宁波为其分布北缘。植株小巧，肉叶密集，花序黄色，可供岩景点缀。

繁殖　分株或组培繁殖。

156 长须阔蕊兰
Peristylus calcaratus (Rolfe) S. Y. Hu

特征 多年生草本。高 20～50cm。块茎肉质，长圆形或椭圆形；直立茎细长，无毛。叶 3～4 枚聚生于茎的近基部；叶片椭圆状披针形，基部鞘状抱茎。总状花序疏生多数花；花小，黄绿色；中萼片直立，凹陷，侧萼片开展；花瓣直立，与中萼片靠合；唇瓣与花瓣基部合生，在近基部反折，3 深裂，中裂片细而短，侧裂片细长丝状，叉开并向上斜举；距长倒卵形，末端钝，下垂；子房扭曲，无毛。

分布 见于北仑、鄞州、奉化、宁海，生于海拔 300m 以下的毛竹林下或灌丛中。产于余杭、定海、江山；分布于华东、华南及湖南、云南。东南亚也有。

特性 喜温暖湿润的气候和肥沃疏松、排水良好的酸性土壤；耐阴，不耐强光，不耐旱。花期 8～9 月，果期 10～11 月。

价值 稀有植物，在浙江省内及宁波均稀见。植株纤巧，花形奇特，可供盆栽观赏。

繁殖 播种、组培繁殖。

157 狭穗阔蕊兰
Peristylus densus (Lindl.) Santop. et Kapad.

特征　多年生草本。高 10～40cm，干后变黑色。块茎肉质，卵状长圆形或椭圆形；茎细长，无毛。叶 4～6 枚聚生于茎的近基部；叶片长圆形至卵状披针形，基部鞘状抱茎。总状花序密生多数花；花小，淡黄绿色；中萼片直立，凹陷，侧萼片开展；花瓣直立，与中萼片靠合；唇瓣在近基部反折，3 深裂，中裂片较短，三角状披针形，侧裂片细而较长，叉开上举并弯曲；距圆筒状，劲直，下垂；子房扭曲，无毛。

分布　仅见于奉化，生于海拔 200m 左右的山坡毛竹林下。产于温州；分布于华东、华南、西南及湖南。南亚、东南亚及日本、朝鲜也有。

特性　要求温暖湿润的气候和空气湿度较高的生境；喜疏松肥沃的微酸性至中性土壤；喜半阴，不耐强光，不耐旱。花期 9 月，果期 11 月。

价值　稀有植物，浙江省内少见，宁波仅见于 1 个分布点。植株纤巧，花形奇特，十分可爱，可供盆栽观赏；块茎民间作药用。

繁殖　播种、组培繁殖。

158　带唇兰
Tainia dunnii Rolfe

兰科
Orchidaceae

特征　多年生草本。高 30 ～ 60cm。根状茎匍匐；假鳞茎细长圆柱形，紫褐色，顶生 1 枚叶。叶片长椭圆状披针形，先端渐尖，基部渐狭；叶柄细长。花葶侧生，纤细，长 30 ～ 60cm；总状花序长达 20cm，具花 10 ～ 20 余朵；花直径 2 ～ 2.5cm；萼片与花瓣紫褐色，唇瓣黄色，3 裂，侧裂片具紫斑；无距。

分布　见于余姚、北仑、鄞州、奉化、宁海、象山，生于海拔 500 ～ 700m 的山谷沟边或山坡林下。产于杭州、衢州、丽水、温州等地；广布于长江以南各省区及台湾。

特性　要求温暖湿润的气候和阴凉通风的环境；喜肥沃的酸性土壤；耐阴，不耐旱。花期 4 ～ 5 月，果期 7 月。

价值　花葶纤长，亭亭玉立，黄褐色相间，别具特色，可作花境或盆栽观赏。

繁殖　分株、播种、组培繁殖。

参 考 文 献

[1] 浙江植物志编辑委员会. 浙江植物志 (1-7 卷). 杭州：浙江科学技术出版社，1989-1993

[2] 郑朝宗. 浙江种子植物检索鉴定手册. 杭州：浙江科学技术出版社，2005

[3] 张若蕙，楼炉焕，李根有. 浙江珍稀濒危植物. 杭州：浙江科学技术出版社，1994

[4] 王志宝，陈耀邦. 国家林业局、农业部第 4 号令. 国家重点保护野生植物名录（第一批），1999

[5] 浙江省人民政府. 浙江省重点保护野生植物名录（第一批），2012

[6] 国务院环境保护委员会. 中国珍稀濒危保护植物名录（第一册）. 1984（1987 年修订）

[7] 中国植物志编辑委员会. 中国植物志（1-80）. 北京：科学出版社，1959-2004

[8] Wu Zh Y. Flora of China Vol. 1-25. Beijing: Science Press et St. Louis: Missouri Botanical Garden，1994-2013

[9] 郑万钧. 中国树木志（1-4）. 北京：中国林业出版社，1983，1985，1997，2004

[10] 李根有，陈敬佑. 浙江林学院植物园植物名录. 北京：中国林业出版社，2007

[11] 丁炳扬，李根有，傅承新，杨淑贞. 天目山植物志（1-4）. 杭州：浙江大学出版社，2010

[12] 李根有，陈征海，杨淑贞. 浙江野菜 100 种精选图谱. 北京：科学出版社，2011

[13] 李根有，陈征海，项茂林. 浙江野花 300 种精选图谱. 北京：科学出版社，2012

[14] 李根有，陈征海，桂祖云. 浙江野果 200 种精选图谱. 北京：科学出版社，2013

[15] 徐绍清，陈征海. 慈溪乡土树种彩色图谱. 北京：中国林业出版社，2014

[16] Xie W Y, Zhang F Y, Chen Zh H, Li G Y, Xia G H. Ostericum atropurpureum sp. nov. (Apiaceae) from Zhejiang, China. Nordic Journal of Botany, 2013, 31: 414-418

[17] 张幼法，李修鹏，陈征海，朱振贤，张芬耀，马丹丹，李根有. 中国樟科植物一新记录种——圆头叶桂. 热带亚热带植物学报，2014，22（5）：453-455

[18] 张幼法，李修鹏，陈征海，马丹丹，杨紫峰，傅晓强，李根有. 发现于宁波的浙江省植物新记录科——田葱科. 浙江农林大学学报，2014，31（6）：990-991

[19] 林海伦，李修鹏，章建红，沈波. 中国兰科植物 1 新种——宁波石豆兰. 浙江农林大学学报，2014，31（6）：847-849

[20] 傅晓强，张幼法，陈征海，李修鹏，杨紫峰，李根有. 产于宁波的 2 种中国新记录植物. 浙江农林大学学报，2015，32（6）：990-992

[21] 马丹丹，陈征海，张芬耀，谢文远，陈锋. 浙江铁角蕨科一地理分布新记录属种. 浙江农林大学学报，2015，32（3）：488-489

[22] 张幼法，李修鹏，陈征海，李根有. 中国大陆山茶科一新记录种——日本厚皮香. 亚热带植物科学，2015，44（3）：241-243

[23] 谭仲明，许介眉，赵炳祥，张小亮. 中国诸葛菜属（十字花科）新分类群. 植物分类学报，1998，36（5）：544-548

[24] Gen-iti K. Decades plantarum novarum vel minus cognitarum. Tokyo Bot. Mag, 1916, 30：326

[25] 李根有，陈征海，颜福彬. 产于浙江温岭的百合属一新变种——巨球百合. 浙江林学院学报，2007，24（6）：767-768

[26] 李玉玲，叶德平，易绮斐，邢福武. 中国大陆鸢尾兰属（兰科）二新记录种. 热带亚热带植物学报，2015，23(2)：144-146

[27] 张宏达. 中国紫珠属植物之研究. 植物分类学报，1951，1（3-4）：269-308

[28] 傅浙锋，叶丽青，叶旻硕，奚建伟，钱梦潇，李根有. 珍稀花卉普陀南星种子繁殖试验. 种子，2015，34（11）：85-87

[29] 金则新. 浙江天台山种子植物区系分析. 广西植物，1994，14（3）：211-215

中文名索引

拉 丁 名 索 引